高校数学で学ぶ ディープラーニング

画像認識への入門コース

竹内 淳 著

東京図書

はじめに

　「人工知能」や「AI」そして「ディープラーニング」などの言葉をよく耳にするようになりました。また，人工知能が自動運転に使われたり，健康状態の画像診断に使われているというニュースもよく耳にします。2020年代に入って，飛躍的な進展をみせている技術が，人工知能です。英語ではArtificial IntelligenceでAIと略されます。そして，この急激な人工知能の発展を支えているのが「ディープラーニング」と呼ばれる技術です。

　このディープラーニングを理解し，修得し，実際に使ってみたいと思っている方は多数いらっしゃることでしょう。しかし，入門書を手にしてみても途中でつまずいた方は少なくないでしょう。また，仮に入門書を読破できても実際にディープラーニングを操作し実行するレベルにはいたらない方もかなりいらっしゃることでしょう。

　本書は，「実際に自分自身の頭脳と手を使ってディープラーニングを体験し操作してみたい!!」と考える方を対象としています。最短コースで「ディープラーニング」の学問的な体系を学習し，さらにプログラミングも体験し，そして自らニューラルネットワークを操れるようになることを目的としています。ディープラーニングがめざましい成功を納めているのは，画像認識の分野です。自動運転や健康状態の画像診断でもディープラーニングによる画像認識が不可欠です。本書の後半では画像認識のための基礎的なニューラルネットワークの構築にも挑戦します。

　本書を読破するために必要な知識のほとんどは高校の数学レベルにとどめています。また，高校数学をわずかにこえる内容には解説を施しています。読者がつまずきがちな個々の数式の展開も詳しく説明しています。特に高校数学の知識を補強するために，

★行列は，高校数学で教えない期間があったので第1章の後半で解説しました。

★指数関数や対数関数を初めて見る方は，第1章から第3章の章末のコラム「高校数学補強編」をご覧ください。

★また，微分が初めてとか，記憶があいまいな方は，後ろの補章「高校数学の補強編　微分を思い出そう！」をご覧ください。

　ディープラーニングは，21世紀の科学の発展を代表するすばらしい技術です。さっそくこのディープラーニングを理解し，そして操るための旅に出発しましょう。

商標について

本書に登場するシステム名，サービス名，製品名は，いずれも各社の登録商標または商標です。本書では®, ©, ™ の表示を省略していますがご了承ください。

免責について

本書の内容やプログラムの運用の結果については，著者および出版元は一切の責任を負いません。これらの運用は，お客様ご自身の責任と判断において行ってください。

プログラミング言語等のバージョンについて

本書に登場するプログラミング言語やプログラムライブラリは機能の向上のために改訂されることがあります。その際，命令や文法なども変更されることがあるので使用するバージョンには注意を要します。第2章で紹介する Google Colaboratory のコードセルで以下の命令を実行すれば，Python と TensorFlow ならびに Keras のバージョンが確認できます（Python は第2章で，TensorFlow と Keras は第5章で登場します）。

```
! python -V # エクスクラメーションマークはos コマンド

import tensorflow as tf
print('TensorFlow ', tf.__version__)

import keras
print('Keras ', keras.__version__)
```

本書執筆時の出力は，

Python 3.7.13

TensorFlow 2.8.0

Keras 2.8.0

となりましたが，本書に記載のプログラムはこれらのバージョンによります。

プログラム，データや画像について

　本書に掲載されたデータや画像は，2022 年 4 月現在のものです。

　本書のプログラムは，東京図書の Web ページ

http://www.tokyo-tosho.co.jp/books/978-4-489-02389-7

からダウンロードしてください。

目　次

◆カバー・表紙デザイン　髙橋 敦（LONGSCALE）

Chapter 1

神経の模倣

──学習する機械のモデルは何?──

1.1　人工知能とは？

　人類は，自分の肉体の能力を代替し，さらにその能力を超える様々な機械
を発明してきました。たとえば，「走る能力」を代替し，さらに超える機械と
しては，自転車やバイク，そして自動車を発明しました。そして人間が持っ
ていない「飛ぶ力」を獲得するために飛行機を発明しました。さらには，脳
が担う「計算する力」や「記憶する力」もコンピューターの発明によって代
替し大幅に強化しました。そして，今，人間の「考える力」や「学習する能
力」を代替する機械の開発が続いています。この機械を**人工知能**と呼びま
す。英語では，Artificial Intelligence（アーティフィシャルインテリジェン
ス）で，しばしば **AI** と略されます。

　人工知能の研究において，現在，急速な発展を続けているのは，**機械学習**
と呼ばれる分野です。英語では Machine Learning（マシンラーニング）と
言います。ここでの「機械」は，自動車のエンジンのような「力学的な機械」
を意味するのではなく，電子回路によって構成されたコンピューターを意味
します。コンピューターの電子回路などを**ハードウェア**と呼び，コンピュー
ターを動かすための「命令の集まり」である**プログラム**などを**ソフトウェア**
と呼びます。現在，機械学習の機能は，コンピューター上でプログラムを走
らせることによって実現しています。

　プログラムにおいて，ある問題を解く特定の手法を**アルゴリズム**と呼び
ます。機械学習のアルゴリズムにはいくつもの種類がありますが，その中
で現在，注目を集め意欲的に研究が進められているのが，これから紹介す
る**ニューラルネットワーク**です。

1.2　神経細胞のマネをするネットワーク

　人工知能の設計者になったつもりで，どうすれば「学習する機械」を生み
出せるのか考えてみましょう。この種の開発では，すでに存在するものを模
倣することがしばしば重要な手がかりを与えてくれます。たとえば飛行機の

開発では，ドイツのリリエンタール（1848–1896）が鳥の翼を観察して，グライダーに適切な断面の形状（上に凸の断面）を持つ翼を発明しました。そして，1903年にライト兄弟がグライダーにエンジンを載せた飛行機の開発に成功しました。鳥と違って飛行機は羽ばたかないので，飛行機と鳥の飛ぶ仕組みは一見したところでは異なっているように見えるかもしれません。しかし，鳥や飛行機の翼の断面の形が揚力（浮かぶ力）を生み出す本質であることは両者に共通しています。

　この例と同じく「学習する」という能力を持っているお手本をまず探してみましょう。もちろん，言うまでもなくすぐに思いつくお手本は，人間の脳でしょう。ところが，お手本とすべき人間の脳がどのような仕組みで学習しているのか，ということは実はまだよくわかってはいません。脳はとても複雑で謎に満ちた構造物なのです。とすると，人間の脳全体ではなく，その一部分からでも基本的な構造や動作を調べて模倣を始めるのが適切だろうと考えつきます。

　その人間の脳を構成している最も基本的な構造は**神経細胞**です。神経細胞の英単語はNeuron（**ニューロン**）なので，日本語でもニューロンとも呼ばれています。人間の大脳皮質には，1000億個もの神経細胞が存在していて，その神経細胞が信号のやり取りをして，思考や記憶，それに学習という機能を生み出しています。というわけで，まず神経細胞の動きを模倣するのが最初の第一歩であろうということになります。ニューラルネットワークは，人間の神経細胞を数理的にモデル化し，さらにそれらをつなぎ合わせたネットワークで，機械学習を実現しています。

　このニューロンの機能を，数式を使って模倣したモデルは，早くも1943年に登場しました。第二次世界大戦のさなかのことです。世界最初のコンピューターと呼ばれているENIAC（エニアック）が登場したのは1946年のことですから，まだ，コンピューターは存在していませんでした。提案したのはアメリカの神経生理学者のマカロック（1898-1969）と数学者のピッツ（1923-1969）です。専門分野の異なる二人の研究者の協力によって**形式ニューロン**と呼ばれるモデルが考案されました。このモデルは当時の神経生

理学の研究に基づいたモデルであり，現在のニューラルネットワーク研究に
続く基本的なモデルになっています。

1.3　形式ニューロン

　この形式ニューロンを早速見てみましょう。まず，図 1-1 をご覧くださ
い。図中の円は人工的なニューロンを表しています（以降では，人工ニューロ
ンをニューロンと書き，人間のニューロンは神経細胞と書いて区別しま
す）。左のニューロンから右のニューロンへと信号は図の左から右に流れま
す。ニューロンは興奮すると，右のニューロンに信号を送りますが，これ
を**発火する**と言います。少し物騒な言葉のように聞こえますが，英語では
Firing と書きます。Firing には，発火の他に，発射や発砲という意味もある
ので，「信号を発射する」という意味だと思えばよいでしょう。そして，

　　　左のニューロンから入った信号の大きさが，
　　　ある一定の水準を超えると，
　　　右側のニューロンも興奮して発火する

と考えます。
　この発火の過程を，数式を使ってモデル化してみましょう。図 1-1 では，
x_1 や x_2 が左のニューロンから出力される信号で，上から i 番目のニューロ
ンの出力信号を x_i とします。これらの信号は 0 か 1 かの 2 種類の値しかと
らないことにします。そして右のニューロンに信号が入る際には，それぞ
れの出力信号 x_i に**重み** w_i がかけ算でかかります。重みの英単語は Weight
（ウェイト）です。また，この信号の合計には定数の項 b もつけて，これを**バ
イアス**と呼びます（b が不要な場合は，後で $b = 0$ とすればよいでしょう）。
したがって，右のニューロンに入る信号の大きさを y で表すと，

$$y = w_1 x_1 + w_2 x_2 + w_3 x_3 + \cdots + w_n x_n + b \tag{1.1}$$

となります。この量を**活性**（Activation）と呼ぶことにします。

　ここでの重み w_i は，左のニューロンとの結合の強さを表します。i 番目のニューロンの重み w_i が大きいほど，右側のニューロンに届く入力信号 $w_i x_i$ は大きくなります。逆に w_i が小さい値である場合は，i 番目のニューロンの出力信号 x_i が大きくても，右側のニューロンに届く入力信号 $w_i x_i$ は小さくなります。

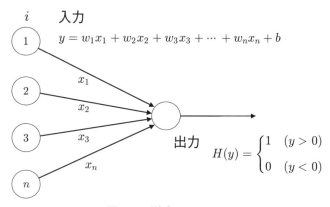

$$y = w_1 x_1 + w_2 x_2 + w_3 x_3 + \cdots + w_n x_n + b$$

$$H(y) = \begin{cases} 1 & (y > 0) \\ 0 & (y < 0) \end{cases}$$

図1-1　形式ニューロン

　この (1.1) 式の信号が右のニューロンに入力したときに，この形式ニューロンは，発火してさらに右のニューロン（この図には描いていませんが）に信号を送るか，あるいは，何も信号を送らないかのどちらかの動きをします。これは人間の神経細胞の性質を参考にした動作で，

All or None（全か無か）

と呼ばれています。

　次に，「信号の大きさが，ある一定の水準を超えると，右側のニューロンも興奮して発火する」の部分をモデル化しましょう。形式ニューロンでは，(1.1) 式で表される信号が入った場合に，発火するかしないかは**ヘビサイド**

の階段関数（ステップ関数）と呼ばれる関数に従うと仮定します。図 1-2 が階段関数のグラフで，横軸が y の値で，縦軸が階段関数の値を表します。入力信号 y を変数とするヘビサイドの階段関数を $H(y)$ で表すと，その数式は

$$H(y) = \begin{cases} 1 & (y > 0) \\ 0 & (y < 0) \end{cases} \tag{1.2}$$

で表されます。活性 y が正の値のときには右辺の 1 行目に従って発火して 1 を出力し，負の値の場合には右辺の 2 行目に従って発火しません。ここで，「発火しない」は「ゼロを出力する」ことを意味します。さらに，(1.1) 式の中のバイアス b の大小によって（b は負の値もとります），y が正になるか負になるかが影響されます。

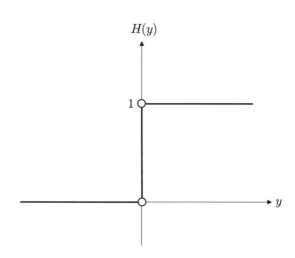

図 1-2　ヘビサイドの階段関数

　このヘビサイドの階段関数のように，入力信号を受けて出力信号を生み出す関数を**活性化関数**（または**伝達関数**）と呼びます。入力信号を受けて

ニューロンが活性化し（興奮し），次のニューロンに信号を送るというイメージです。

1.4 論理演算

この形式ニューロンを使って情報処理が本当に行えるのか検討してみましょう。コンピューターが行う演算には，足し算や引き算などの四則（+ − × ÷ ）に加えて**論理演算**があります。論理演算は，コンピューターが情報処理を行うために必須の演算で，**ブール代数**と呼ばれる数学に含まれます。代表的な論理演算には **AND**（アンド）演算や **OR**（オア）演算などがあります。形式ニューロンでこれらの論理演算が可能でしょうか。

まず，AND 演算から理解していきましょう。AND 演算の回路（AND 回路）には，図 1-3 のように，2 つの信号 x_1 と x_2 が入力します。入力の値は，2 進法の 0 か 1 のどちらかです。論理演算では，1 を「真」，0 を「偽」に対応させます。AND 回路は，次の表（これを**真理値表**と呼びます）のように，「2 つの入力 x_1 と x_2 がともに 1 である場合にのみ出力 z は 1 になる」という回路です。

x_1	x_2	z
0	0	0
0	1	0
1	0	0
1	1	1

表 1-1　AND の真理値表

この関係を数式で表すと次式のように 2 つの入力の単純な掛け算になるの

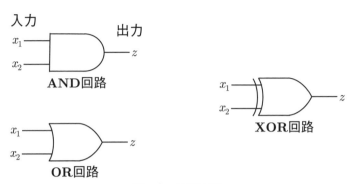

図 1-3　論理回路

で，AND 演算を**論理積**とも呼びます。

$$x_1 \times x_2 = z$$

OR 演算も見てみましょう。真理値表は

x_1	x_2	z
0	0	0
0	1	1
1	0	1
1	1	1

表 1-2　OR の真理値表

です。「2 つの入力信号のどちらか一つが 1 であれば出力が 1 になる」という関係です。真理値表の上側の 3 段は，次式の単純な足し算の関係になっているので，

$$x_1 + x_2 = z$$

このOR演算を**論理和**とも呼びます。なお，最下段では足し算が成立しないことに注意しましょう。

ほかにあまり聞いたことがないかもしれませんが，重要な論理演算に**XOR**（エクスクルーシブオア）演算があります。日本語では**排他的論理和**と呼びます。真理値表は

x_1	x_2	z
0	0	0
0	1	1
1	0	1
1	1	0

表1-3 **XOR**の真理値表

です。上側の3段はさきほどの論理和と同じです。最下段のみが違っています。「2つの入力信号のどちらか1つのみが1であるとき出力が1になる」という関係です。

1.5 形式ニューロンで論理演算は可能か？

形式ニューロンを情報処理に使うには，これらの論理演算ができなくてはなりません。入力信号は2つなので，図1-1の左側のニューロンも2つになります。

まず，ANDから考えましょう。左側のニューロンが二つの場合は，(1.1)式と(1.2)式のヘビサイドの階段関数を使って，右側のニューロンの出力信号 z を表すと

$$z = H(y) = H(w_1 x_1 + w_2 x_2 + b)$$

となります。活性 y が正の場合に 1 になり，負の場合に 0 になるので，表 1-1 の真理値表を満たすためには，たとえば，$x_1 = x_2 = 1$ の最下段の場合には，次の不等式が成り立つ必要があります。

$x_1 = x_2 = 1$ の場合

$$y = w_1 x_1 + w_2 x_2 + b = w_1 + w_2 + b > 0$$

$$\therefore \quad w_1 + w_2 > -b$$

同様に，真理値表の他の段の関係を満たすためには次の 3 つの不等式

$x_1 = x_2 = 0$ の場合　　$b < 0$
$x_1 = 0, x_2 = 1$ の場合　$w_2 + b < 0$　$\therefore w_2 < -b$
$x_1 = 1, x_2 = 0$ の場合　$w_1 + b < 0$　$\therefore w_1 < -b$

も成り立つ必要があります。

　$x_1 = x_2 = 0$ の場合の不等式から，バイアス b は負であることがわかるので，たとえば，$b = -3$ とすると，他の 3 つの不等式を満たす w_1 と w_2 の値としては，$w_1 = w_2 = 2$ を選べます。したがって，形式ニューロンで AND 回路を作るには，

$$z = H(y) = H(2x_1 + 2x_2 - 3)$$

であればよいということになります（他の組み合わせも可能です）。

　同様に OR 回路を満たす重みやバイアスも決められて，その一例は

$$z = H(y) = H(2x_1 + 2x_2 - 1)$$

です（付録参照）。このように AND 回路や OR 回路は図 1-1 のように（ただし，左側のニューロンは 2 つ）配置した形式ニューロンで実現できます。

　しかし，形式ニューロンを図 1-1 のように配置した場合には限界があって，前節で紹介した XOR 演算は実現できません。XOR 演算を行うには，次節で紹介するように形式ニューロンを少なくとも 2 つの層に配置する必要があります。

1.6 パーセプトロンの登場

　形式ニューロンを多数つなげて人間の知覚の機能をモデル化しようと考え
たのは，アメリカの心理学者のローゼンブラッド（1928-1971）です。ロー
ゼンブラッドは，図1-4のようにニューロンを多数つなげた層からなるモ
デルを**パーセプトロン**と名付け1958年に発表しました。英語のPerception
（パーセプション）は，知覚や認識を意味します。ローゼンブラッドは知覚
の中でも特に視覚に注目し，人工的な視覚について考察しました。

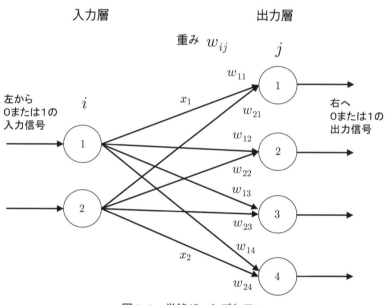

図1-4　単純パーセプトロン

　この図では，左側のニューロンの層を**入力層**と呼び，右側のニューロンの
層を**出力層**と呼びます。入力層のそれぞれのニューロンは右側の出力層の
すべてのニューロンに同じ信号を送ります。左のi番目のニューロンから右

の j 番目のニューロンに向かって出力される信号 x_i には (1.1) 式と同じように重み w_{ij} がかかり，バイアス b_j も加わります。この図の場合には，左のニューロンが2個で，右側のニューロンが4個なので，以下のように重みは 2×4 の8個ありバイアスは4個あります。

$$w_{11}, \quad w_{12}, \quad w_{13}, \quad w_{14}, \quad w_{21}, \quad w_{22}, \quad w_{23}, \quad w_{24}, \quad b_1, \quad b_2, \quad b_3, \quad b_4$$

この8個の重みと4個のバイアスを適切に決められれば，左の入力層に入った信号が，右の出力層から出ていく間に，信号の流れや大きさを制御して，論理的な機能を持たせられるのではないか，というのがパーセプトロンのアイデアです。

　図1-4のような入力層と出力層の2層のみのパーセプトロンを**単純パーセプトロン**と呼びます。パーセプトロンには図1-5のように，入力層と出力層の間に**隠れ層**（**中間層**とも呼びます）を含むモデルもあります。この隠れ層が複数あるものが**ディープニューラルネットワーク**です。ディープラーニン

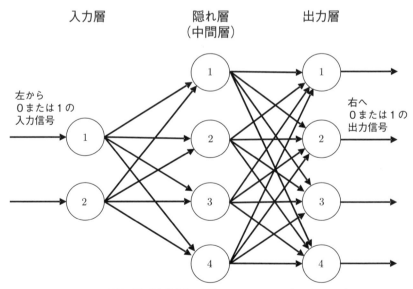

図1-5　隠れ層（中間層）を持つニューラルネットワーク

グでは，ディープニューラルネットワークを使って「学習という機能」を実現します。このディープ（Deep）は，「深い層」を意味するので，ディープラーニングを**深層学習**とも呼びます。

隠れ層を入れることのメリットの1つは，前節で触れた XOR 回路が実現できることです。たとえば，次式は，2つの入力信号 x_1 と x_2 に対して，XOR の出力 z が得られる数式の1つです。

$$z = H(2x_1 + 2x_2 - 1 - 4H(2x_1 + 2x_2 - 3))$$

この出力を可能にするには図1-6のように形式ニューロンを使ってネットワークを組みます。入力層のニューロンを表す記号を I とし，隠れ層のニューロンを表す記号を M とし，出力層のニューロンを表す記号を O とします。この図では，形式ニューロンは隠れ層の M_1 と出力層の O_1 の2つです。まず，入力層のニューロン I_1 と I_2 は，それぞれ信号を次層の2つのニューロンに分配します。隠れ層のニューロン M_2 は，

$$y = 2x_1 + 2x_2 - 1$$

の演算を行いますが，活性化関数は使わず，そのまま y を出力します。y をそのまま出力する関数を**恒等関数**と呼ぶので「活性化関数に恒等関数を使

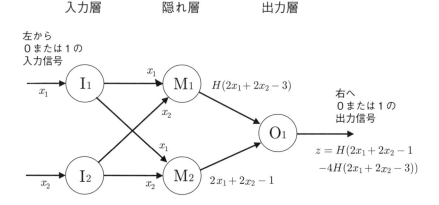

図1-6 形式ニューロンを使った **XOR** 回路

う」とも表現できます。出力層のニューロン O_1 では，ニューロン M_1 からの入力には重み -4 をかけ，M_2 からの入力には重み 1 をかけて，両者を足し算し，活性化関数は階段関数を使います。x_1 と x_2 に 0 や 1 を入力して，計算してみると XOR 演算が成り立つことがわかります。

現在では，多層のネットワークを使うと，どのような論理演算も可能であることがわかっています。したがって，多層のニューラルネットワークには広い汎用性があります。一方で，多層のニューラルネットワークを適切に働かせるためには，各層での重みとバイアスを適切に決める必要があります。ディープラーニングの研究の発展においてはこの決め方が難問で，ブレークスルーが必要でした。その解決策については第 4 章で見て行きましょう。

1.7 算数の鶴亀算と行列

ここまでで，形式ニューロンやパーセプトロン，そしてニューラルネットワークの基礎を理解しましたが，ディープラーニングを本格的に学ぶには，行列の知識が必要です。特に，本書に続いて専門性を増した関係書籍を読む方には必要になります。行列は，1970 年から高校で教えられましたが，40 年余りが経過した 2012 年に高校の授業から削られてしまいました。したがって，読者の中には高校で行列を学んでいない方もいらっしゃると思います。そこで，行列の基礎を紹介しておきましょう。なお，2022 年から再度，行列は高校数学に組み込まれました。

まず，小学校の算数レベルの問題を方程式で表してみましょう。小学校の算数の教科書や問題集にはこんな問題が載っていたことでしょう。

問題 A さんと B 君が，コンビニでお菓子を買いました。A さんは，チョコレート 1 個とキャンディー 2 個を買って 170 円払いました。また，B 君は，チョコレート 2 個とキャンディー 1 個を買って計 250 円でした。チョコレートとキャンディーのそれぞれの値段はいくらでしょう。

　小学校時代はこれを鶴亀算で解いたものです。しかし，ここではレベルを中学生レベルに上げて，変数を使って方程式を書いてみましょう。チョコレート 1 個の値段を x とし，キャンディー 1 個の値段を y とします。すると，

$$x + 2y = 170 \tag{1.3}$$

$$2x + y = 250 \tag{1.4}$$

の 2 つの方程式（連立方程式）になります。この 2 つの式は，さらに行列を使うと，次のように書き直せます。

$$\begin{pmatrix} 1 & 2 \\ 2 & 1 \end{pmatrix} \begin{pmatrix} x \\ y \end{pmatrix} = \begin{pmatrix} 170 \\ 250 \end{pmatrix} \tag{1.5}$$

$$\underbrace{}_{\text{行列}} \quad \underbrace{}_{\text{ベクトル}}$$

　この左辺の縦 2 列で横 2 行の部分を**行列**と言います。また，行列の右の縦 1 列で横 2 行の部分は**列ベクトル**と呼びます（この列ベクトルは 2 行 1 列の行列とみなすこともできます）。「行は横の並び」で，「列は縦の並び」に対応します。この左辺の計算のルールは，

　　行列は左から右に，ベクトルは上から下に，
　　それぞれ 1 つずつの項をかけて，その和をとること

です。たとえば，左辺の 1 行目は

$$x + 2y$$

で，左辺の 2 行目は

$$2x + y$$

です。このそれぞれの行が，右辺の 170 と 250 に等しいので，(1.5) 式の行列を使った表現は，(1.3) 式と (1.4) 式の連立方程式と等しいのです。なお，(1.5) 式の行列は，2 行 2 列ですが，変数の数が 3 つの連立方程式では 3 行 3 列の行列になり，変数の数が 4 つの連立方程式では 4 行 4 列の行列になります。なお，行列の構成要素である 1 や x や 170 などを**成分**とか**元**と呼びます。

　行列とベクトルをもう少し一般的に書いて，行列やベクトルの成分を a_{11} や b_1 などで表すと (1.5) 式の計算は

$$\begin{pmatrix} a_{11} & a_{12} \\ a_{21} & a_{22} \end{pmatrix} \begin{pmatrix} x_1 \\ x_2 \end{pmatrix} = \begin{pmatrix} b_1 \\ b_2 \end{pmatrix} \tag{1.6}$$

と表すことができ，この式は

$$a_{11}x_1 + a_{12}x_2 = b_1 \tag{1.7}$$

$$a_{21}x_1 + a_{22}x_2 = b_2 \tag{1.8}$$

と等価です（(1.5) 式での変数 x, y を x_1, x_2 に替えています）。(1.7) 式を和を表す記号 Σ（シグマ）を使ってまとめると，

$$\sum_{j=1}^{2} a_{1j}x_j = b_1 \tag{1.9}$$

と書けます。記号 Σ の上下の $j=1$ と 2 は，$j=1$ から 2 まで足すことを表します（j は整数です）。

　(1.7) 式と (1.8) 式をさらにまとめると，変数 $i=1,2$ に対して

$$\sum_{j=1}^{2} a_{ij}x_j = b_i \qquad (i=1, 2) \tag{1.10}$$

とも書けます。この式は (1.6) 式と比べると紙面のスペースが節約できるのが特徴です。

　ほかに，別の書き方として，行列とベクトルを

$$\mathbf{A} \equiv \begin{pmatrix} a_{11} & a_{12} \\ a_{21} & a_{22} \end{pmatrix}, \quad \mathbf{x} \equiv \begin{pmatrix} x_1 \\ x_2 \end{pmatrix}, \quad \mathbf{b} \equiv \begin{pmatrix} b_1 \\ b_2 \end{pmatrix}$$

と定義して

$$\mathbf{A}\mathbf{x} = \mathbf{b} \tag{1.11}$$

と書くこともできます。なお，等号「$\equiv$」は，定義を表します。これらの (1.6) 式，(1.10) 式，(1.11) 式は表現は異なっていますが，中身は同じです。

以上で，行列の表記について理解したわけですが，この知識を持って (1.1) 式の活性を眺めると，行列を使って次式のように表されることがわかります。

$$y = w_1x_1 + w_2x_2 + w_3x_3 + \cdots + w_nx_n + b$$

$$= \sum_{i=1}^{n} w_ix_i + b$$

$$= (w_1 \ \cdots \ w_n \ b) \begin{pmatrix} x_1 \\ \vdots \\ x_n \\ 1 \end{pmatrix} \tag{1.12}$$

この式の3行目の $(w_1 \ \cdots \ w_n \ b)$ を**行ベクトル**と呼びます。なので，活性はこのように「行ベクトルと列ベクトルの掛け算」として表せます。この

2つのベクトルの成分と成分をかけ算し，和をとる計算

を**内積**と呼びます。

なお，n 行 m 列の行列の行と列を入れ替えた m 行 n 列の行列を**転置行列**と言います。元の行列の (i, j) 要素は，転置行列では (j, i) 要素に置き換わります。たとえば，行ベクトル（1行 n 列の行列）の転置行列は列ベクトル（n 行 1 列の行列）になります。転置行列の記号は，元の行列の右肩または左肩に t や T を付けます。転置行列の英語は Transpose of matrix で，Transpose（トランスポーズ）の意味は「置き換える」です。一例を示すと，次式のように「行ベクトルの転置行列」は列ベクトルになります。

$$(w_1 \ \cdots \ w_n \ b)^{\mathrm{t}} = \begin{pmatrix} w_1 \\ \vdots \\ w_n \\ b \end{pmatrix}$$

(1.12) 式の3行目の行ベクトルと列ベクトルを，次式のようにともに列ベクトルとして定義した場合には，

$$\mathbf{W} \equiv \begin{pmatrix} w_1 \\ \vdots \\ w_n \\ b \end{pmatrix}, \qquad \mathbf{X} \equiv \begin{pmatrix} x_1 \\ \vdots \\ x_n \\ 1 \end{pmatrix}$$

(1.12) 式の内積は転置行列と行列を使って，次式のように簡単に表せます。

$$y = \mathbf{W}^{\mathrm{t}}\mathbf{X}$$

ディープラーニングの専門書ではしばしばこのような数式が突然現れますが，すでに転置行列を理解した読者にとっては簡単ですね。

1.8 単位行列

覚えておくべき重要で基本的な行列が2つあります。1つは**単位行列**で，もう1つは**逆行列**です。単位行列は，次のような行列です。

$$\mathbf{E} = \begin{pmatrix} 1 & 0 & 0 \\ 0 & 1 & 0 \\ 0 & 0 & 1 \end{pmatrix}$$

単位行列は，このように左上から右下への対角線上に1が並んでいて，それ以外の成分はゼロです。この単位行列は，通常は記号 $\mathbf{E}$ で表します。縦と横の成分の数が同じで正方形に似た形をしている2行2列の行列や，3行3列の行列を**正方行列**と呼びます。単位行列も正方行列です。

　この単位行列にはおもしろい特徴があります。それは同じ行数の正方行列 $\mathbf{A}$ をかけると，やはり $\mathbf{A}$ になることです。この関係（すぐ後ろで確かめます）を式で書くと

$$\mathbf{AE} = \mathbf{EA} = \mathbf{A} \tag{1.13}$$

となります。

この関係を確かめる前に，2行2列の二つの正方行列のかけ算を見ておきましょう。2行2列のかけ算は，

$$\begin{pmatrix} a_{11} & a_{12} \\ a_{21} & a_{22} \end{pmatrix}\begin{pmatrix} b_{11} & b_{12} \\ b_{21} & b_{22} \end{pmatrix} = \begin{pmatrix} a_{11}b_{11}+a_{12}b_{21} & a_{11}b_{12}+a_{12}b_{22} \\ a_{21}b_{11}+a_{22}b_{21} & a_{21}b_{12}+a_{22}b_{22} \end{pmatrix}$$

という関係です。この行列のかけ算では，行列の順番を逆にしたもの（交換したもの）は，元のかけ算とは，必ずしも等しくはないことに注意しましょう。つまり，行列のかけ算の

$$\mathbf{AB} \text{ と } \mathbf{BA} \text{ は，等しいとは限らない}$$

のです。乗法（かけ算）の交換法則は一般には成り立ちません（単位行列は例外です）。実際に2行2列の場合の行列のかけ算 $\mathbf{BA}$ の成分を書いてみると

$$\begin{pmatrix} b_{11} & b_{12} \\ b_{21} & b_{22} \end{pmatrix}\begin{pmatrix} a_{11} & a_{12} \\ a_{21} & a_{22} \end{pmatrix} = \begin{pmatrix} a_{11}b_{11}+a_{21}b_{12} & a_{12}b_{11}+a_{22}b_{12} \\ a_{11}b_{21}+a_{21}b_{22} & a_{12}b_{21}+a_{22}b_{22} \end{pmatrix}$$

となって，先ほどの $\mathbf{AB}$ の成分とは異なっています。

行列の計算では，一般には，乗法の交換法則は成立しないと述べましたが，それ以外の法則は成立します。ここにすべて挙げておきましょう。

	加法（足し算）	乗法（かけ算）
結合法則	$(\mathbf{A}+\mathbf{B})+\mathbf{C}=\mathbf{A}+(\mathbf{B}+\mathbf{C})$	$(\mathbf{AB})\mathbf{C}=\mathbf{A}(\mathbf{BC})$
交換法則	$\mathbf{A}+\mathbf{B}=\mathbf{B}+\mathbf{A}$	成立しない
分配法則	$\mathbf{A}(\mathbf{B}+\mathbf{C})=\mathbf{AB}+\mathbf{AC}$,	$(\mathbf{A}+\mathbf{B})\mathbf{C}=\mathbf{AC}+\mathbf{BC}$

さて，単位行列とのかけ算に戻ると，まず $\mathbf{AE}$ を2行2列の場合に計算してみると，

$$\mathbf{AE} = \begin{pmatrix} a_{11} & a_{12} \\ a_{21} & a_{22} \end{pmatrix}\begin{pmatrix} 1 & 0 \\ 0 & 1 \end{pmatrix} = \begin{pmatrix} a_{11} & a_{12} \\ a_{21} & a_{22} \end{pmatrix} = \mathbf{A}$$

となり $\mathbf{A}$ と等しくなっています。また，$\mathbf{EA}$ も計算してみると

$$\mathbf{EA} = \begin{pmatrix} 1 & 0 \\ 0 & 1 \end{pmatrix} \begin{pmatrix} a_{11} & a_{12} \\ a_{21} & a_{22} \end{pmatrix} = \begin{pmatrix} a_{11} & a_{12} \\ a_{21} & a_{22} \end{pmatrix} = \mathbf{A}$$

となります。したがって，(1.13) 式が成り立っています。3 行 3 列の場合も同様です。

　このように単位行列は，普通の数字のかけ算だと，「1」に相当するもので，数字の 1 がとても大事なように単位行列もとても大事な働きをします。単位行列はまた，列ベクトルとのかけ算においても同様に

$$\mathbf{Eb} = \mathbf{b} \tag{1.14}$$

という関係があります。こちらも 3 行 3 列の単位行列で計算してみると

$$\begin{pmatrix} 1 & 0 & 0 \\ 0 & 1 & 0 \\ 0 & 0 & 1 \end{pmatrix} \begin{pmatrix} x \\ y \\ z \end{pmatrix} = \begin{pmatrix} x \\ y \\ z \end{pmatrix}$$

となっています。

1.9　逆行列

　この単位行列と同じくとても大事な行列が逆行列です。記号としては，行列 $\mathbf{A}$ の逆行列は $\mathbf{A}^{-1}$ で表します。この「-1」は，インバースと読みます。$\mathbf{A}^{-1}$ の読み方は，「エィインバース」です。この逆行列の性質は，逆行列 $\mathbf{A}^{-1}$ と元の行列 $\mathbf{A}$ をかけると単位行列 $\mathbf{E}$ になるというものです。式で書くと

$$\mathbf{AA}^{-1} = \mathbf{E}$$

です。また，かけ算の順番を逆にすると

$$\mathbf{A}^{-1}\mathbf{A} = \mathbf{E}$$

が成り立ちます。

さらにまとめて書くと

$$\mathbf{A}\mathbf{A}^{-1} = \mathbf{A}^{-1}\mathbf{A} = \mathbf{E} \tag{1.15}$$

となります。

　ただし，この逆行列はどんな行列にも存在するわけではありません。逆行列が存在する行列を**正則な行列**と呼びます。「正則」という漢字の言葉の意味がつかみにくいかもしれませんが，国語辞典によると普通の意味は「規則どおりであること」です。したがって，「規則正しい行列」であるための基準は「逆行列が存在すること」になります。

　逆行列の具体的な式を見ておきましょう。2 行 2 列の行列 $\mathbf{A}$ を次のように表すとき

$$\mathbf{A} = \begin{pmatrix} a & b \\ c & d \end{pmatrix}$$

逆行列 $\mathbf{A}^{-1}$ は

$$\mathbf{A}^{-1} = \frac{1}{ad-bc} \begin{pmatrix} d & -b \\ -c & a \end{pmatrix}$$

です。筆者が高校生のころに学んだ数学では，これは暗記しないといけない式でした。実際に $\mathbf{A}\mathbf{A}^{-1}$ と $\mathbf{A}^{-1}\mathbf{A}$ を計算してみましょう。

$$\mathbf{A}\mathbf{A}^{-1} = \begin{pmatrix} a & b \\ c & d \end{pmatrix} \frac{1}{ad-bc} \begin{pmatrix} d & -b \\ -c & a \end{pmatrix}$$

$$= \frac{1}{ad-bc} \begin{pmatrix} ad-bc & -ab+ba \\ cd-dc & -cb+da \end{pmatrix}$$

$$= \begin{pmatrix} 1 & 0 \\ 0 & 1 \end{pmatrix}$$

$$\mathbf{A}^{-1}\mathbf{A} = \frac{1}{ad-bc} \begin{pmatrix} d & -b \\ -c & a \end{pmatrix} \begin{pmatrix} a & b \\ c & d \end{pmatrix}$$

$$= \frac{1}{ad-bc}\begin{pmatrix} da-bc & db-bd \\ -ca+ac & -cb+ad \end{pmatrix}$$

$$= \begin{pmatrix} 1 & 0 \\ 0 & 1 \end{pmatrix}$$

このようにどちらも単位行列になり，(1.15) 式が成り立ちます。

　3 行 3 列などの大きな行列の逆行列はもっと複雑になりますが，その求め方にご関心がある方は，拙著の『高校数学でわかる線形代数』などをご覧ください。

1.10　逆行列と方程式の関係

　この逆行列は方程式の解法と密接に関係しています。(1.11) 式の

$$\mathbf{Ax} = \mathbf{b}$$

という式の両辺に，左から逆行列をかけると

$$\mathbf{A}^{-1}\mathbf{Ax} = \mathbf{A}^{-1}\mathbf{b}$$

となります。左辺は (1.15) 式の $\mathbf{A}^{-1}\mathbf{A} = \mathbf{E}$ の関係から

$$\mathbf{Ex} = \mathbf{A}^{-1}\mathbf{b}$$

となります。(1.14) 式より $\mathbf{Ex} = \mathbf{x}$ なので

$$\mathbf{x} = \mathbf{A}^{-1}\mathbf{b}$$

となります。よって，逆行列 $\mathbf{A}^{-1}$ がわかれば，それを使って $\mathbf{A}^{-1}\mathbf{b}$ を計算すれば方程式の解が求まるということになります。

1.11　スカラー，ベクトル，行列，そしてテンソル

　ベクトルと行列が登場しましたが，ベクトルでも行列でもない単純な 1 とか −3.0 とかの数を**スカラー**と呼びます。ベクトルは「大きさと方向を表す

数」ですが，スカラーは「大きさは表しますが，ベクトルと違って方向は表さない数」です。**テンソル**は，これらを含む数の表現です。たとえば，行列は行と列の2次元で表され，行列の成分 a_{ij} は i と j の2つの添え字で表されるので「2階のテンソル」と呼ばれます。ベクトルは行ベクトルか列ベクトルのどちらかであり，成分 a_i は1つの添え字で表されるので「1階のテンソル」です。また，スカラーは行も列も無いので「0階のテンソル」と呼ばれます。また，テンソルには3階や4階のテンソルも存在します。

なお，次章で触れるプログラミング言語では，このスカラーや行列などの数値を入れる変数を**配列**と呼びます。配列はテンソルに対応して，3次元や4次元の配列も存在します。

1.12 　線形代数の「線形」の意味は？

行列を扱う数学を**線形代数**と呼びます。この「線形」の意味がよくわからないという読者は少なくないでしょう。線形代数は英語では Linear Algebra（リニアアルジェブラ）と呼びます。Linear が線形で，Algebra が代数です。Linear は，Line（ライン：直線）の形容詞ですから，「直線の」という意味です。

では何が直線なのかですが，これは変数と変数の関係です。たとえば，

$$y = x \tag{1.16}$$

や

$$y = 2x$$

という式は，グラフにすると，図1-7の関係のように直線になります。この関係は，中学校までに習った**比例関係**ですが，直線になるので「線形の関係」と呼びます。

変数と変数の関係には直線ではないものもあります。たとえば，

$$y = 2x^2 \tag{1.17}$$

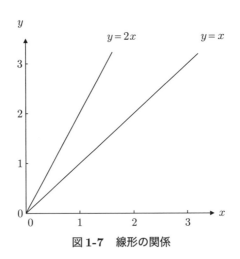

図 1-7　線形の関係

は，図 1-8 のようになり直線ではありません。これは線形ではないので，**非線形の関係**と呼びます。(1.17) 式では右辺は x の 2 乗（2 次）ですが，3 乗（3 次）や 4 乗（4 次）の場合も非線形です。

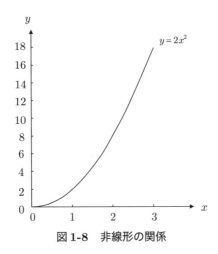

図 1-8　非線形の関係

　グラフにしたとき直線であるのは，(1.16) 式のように x の 1 乗，つまり 1 次の式の場合だけです。したがって，線形代数で扱う数式は基本的には次式のように 1 次の項だけで構成されています。

$$z = 2x + 3y$$

また，この右辺のような「線形の項の和」を**線形和**と呼びます。したがって，(1.1) 式の右辺も線形和です。

　中学校の数学で

$$y = ax + c \tag{1.18}$$

という 1 次式のグラフを学んだのを覚えているでしょうか。グラフは図 1-9 のようになり，a は**傾き**を表し，c は**切片**です。この切片 c は y 軸と直線の交点での y の値になります。a の値を変えずに c の値を大きくすれば，図 1-9 の直線は上に平行移動し，逆に c の値を小さくすれば，図の直線は下に平行移動します。(1.1) 式で入力が x_1 のみの場合は，この (1.18) 式と同じ形になり，(1.1) 式のバイアス b は (1.18) 式の切片 c に対応することがわかります。このようにグラフの直線を上下に平行移動させることを「バイアスによって下駄をはかせる」と表現することもあります。また，(1.1) 式の w_1 は，(1.18) 式の a に対応するので，w_1 がゼロになると，図 1-9 のグラフでは直線は x 軸と平行になり，x がどのような値をとっても y の値は変わらないという関係になります。

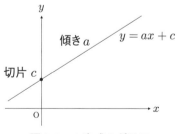

図 1-9　1 次式のグラフ

　さて，第 1 章では，ニューラルネットワークの基礎的な知識を習得し，さらに数学の基礎固めとして行列や線形代数の基礎を理解しました。次章では，画像認識の基礎を見て行きましょう。

Column　　**高校数学の補強編 1 —— 指数関数 ——**

　本書で必要になる数学として高校で習った指数関数を思い出して知識を補強しておきましょう。

　まず，指数とは以下のような計算で登場します。

$$2 \times 2 \times 2 \times 2 \times 2 = 2^5$$

左辺のような同じ数字の掛け算の場合に，右辺のように右肩に小さな字で掛け算をする 2 の個数を書くわけです。この右肩の数が<ruby>指数<rt>しすう</rt></ruby>です。この書き方にならった関数

$$f(x) = a^x$$

を a を<ruby>底<rt>てい</rt></ruby>とする**指数関数**と呼びます。この a に，**自然対数の<ruby>底<rt>てい</rt></ruby>**または**ネイピア数**と呼ばれる定数

$$e = 2.718282 \cdots$$

を使うと

$$f(x) = e^x \tag{1.19}$$

となります。これが，物理学などの自然科学の分野で広く使われている指数関数です。

　この (1.19) 式をグラフにしたのが次ページの図 1-10 です。その特徴をよく見てみましょう。まず，$e^0 = 1$ なので，縦軸を横切るときの $f(x)$ の値 $f(0) = e^0$ は 1 です。また，(1.19) 式から $x = 1$ のときの値は自然対数の底と等しくなり $(f(1) = e)$，約 2.7 です。まずこれを頭に入れておきましょう。

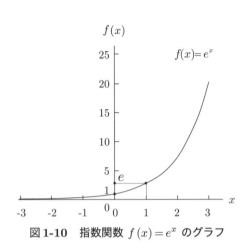

図 1-10　指数関数 $f(x)=e^x$ のグラフ

　次に x 軸のプラス側では $y=e^x$ は 1 より大きくなり，x が大きくなるにつれて急激に増大します。さらに，$x \to \infty$ では**プラス無限大に発散**します。この急激な増大の様子はしばしば**指数関数的な増大**と表現されます。ネズミの数や伝染病の感染者数の増加を表すときにも使われます。日常的な表現では「ネズミ算的に増える」に対応します。一方，マイナス側では 1 より小さくなり，x が小さくなるにつれて減少していきます。$x \to -\infty$ では**ゼロに収束**します。このマイナス側の無限大でゼロに収束することも指数関数の重要な特徴です。

　なお，指数関数の値は，グラフの縦軸を見ればわかるように，**決して負の値やゼロをとらず，必ず正の値である**ことにも注意しましょう。

Chapter 2

画像認識への第一歩

──手計算とプログラムによるパラメーターの決定──

2.1 画像認識のニューラルネットワーク

　本章では，画像認識の第一歩を踏み出すことにしましょう。ここでは，ディープラーニングの理解のために，画像認識のための簡単なニューラルネットワークについて考えることにします。読者の皆さんが普段見ているテレビや液晶ディスプレイの**画素（ピクセル）**数は，3840×2160 や 1920×1080 です。前者の横幅の画素数は約 4000 なので 4K と呼びます（K はキロを表します）。それぞれの画素数は 829 万と 207 万と多いので，このような大きな画像をニューラルネットワークで処理しようとすると，膨大な計算量になりそうなことは直感的にわかります。ここでは，ニューラルネットワークの機構の理解のために，これらとは違って画素数を極端に絞った図 2-1 のわずか 2 画素の画像について考えてみましょう。2 つの画素はそれぞれ左画素と右画素と呼ぶことにします。この 2 画素の画像では，色は黒と白の 2 色しかなく，黒の画素値は 0 で，白の画素値は 1 にします。この場合，1 つの画素に 2 種類の画素値なので，画像としては，図 2-1 のように 2×2 の 4 種類があることになります。

　種類のことを英語では **Class（クラス）**と呼ぶので，「4 種類の分類」を「クラス数 4 の分類」と呼ぶこともあります。クラスというと，学校のクラスや社会階級を思い浮かべる方も多いと思いますが，ニューラルネットワークの分野では，クラスというと主に「種類」を意味します。ただし，少しまぎらわしいのですが，本章でこのあと登場するプログラミング言語 **Python（パイソン）**では「クラス」を少し高度な**サブルーチン**（本章でこのあと説明します）を指す専門用語として使うので，意味を混同しないよう注意が必要です。

わずか2画素の画像を考えます。

各画素は，黒（画素値は0）と白（1）の2色あるとすると
次のように4種類の画像があります。

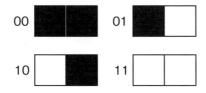

それぞれの画像は，2進法の数00，01，10，11を表します。

図2-1　2画素の画像

　それぞれの画像を，図2-1のように2進法の数

$$00,\quad 01,\quad 10,\quad 11$$

に対応づけておきましょう。2進法では，0と1の2つの数字しか使わないので，01より大きい次の数は02ではなく10になります。この2画素の画像を認識して，4種類に分類するニューラルネットワークを構築してみましょう。

　このネットワークは，次ページの図2-2のように**入力層**と**出力層**の二層からなり，入力層のニューロンは2つで，出力層のニューロンは4つです。入力層のニューロンを表す記号をIとし，出力層のニューロンを表す記号をOとします。ここでは入力層の2つのニューロンは，数字 i で区別し，出力層の4つのニューロンは数字 j で区別します。

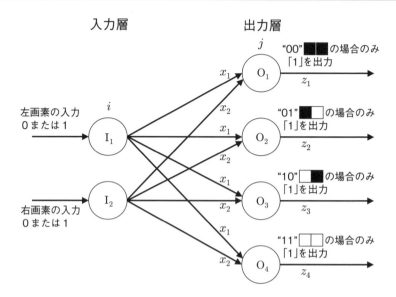

図2-2 「2画素の画像が表す2進数」を判定するネットワーク

　2つの画素からの信号の流れは，左画素の画素値が0または1の信号としてニューロン I_1 に入り，右画素の画素値が0または1の信号としてニューロン I_2 に入ることにします。ニューロン I_1 は，左画素からの信号をそのまま出力 x_1 として出力層の4つのニューロンに送る機能しか持っていないとします。たとえば，入力層のニューロン I_1 に左画素の信号1が入ったとすると，出力層の4つのニューロンそれぞれに信号1を送るという機能だけ持っています。入力層のニューロン I_2 も同様に働き，出力 x_2 を出力層の各ニューロンに送ります。各画素の状態が図2-1の4つの2進数のそれぞれである時に，出力層のニューロン O_j のどれか1つから以下のように1が出力されるネットワークを作ることを考えます。

　まず，図2-1の "00" の場合は，ニューロン O_1 は1を出力し，ほかのニューロン O_2, O_3, O_4 はゼロを出力するとします。すなわち，出力層からの出力は，

$$z_1 = 1, \quad z_2 = 0, \quad z_3 = 0, \quad z_4 = 0$$

となり，行ベクトルで表すと

$$(z_1 \quad z_2 \quad z_3 \quad z_4) = (1 \quad 0 \quad 0 \quad 0)$$

です。

他の画素のパターンの場合も同様に考えて

"01" の場合　　　$(z_1 \quad z_2 \quad z_3 \quad z_4) = (0 \quad 1 \quad 0 \quad 0)$

"10" の場合　　　$(z_1 \quad z_2 \quad z_3 \quad z_4) = (0 \quad 0 \quad 1 \quad 0)$

"11" の場合　　　$(z_1 \quad z_2 \quad z_3 \quad z_4) = (0 \quad 0 \quad 0 \quad 1)$

になるとします。このように，「画像のパターンに対応して，出力層のニューロンのどれか1つが興奮し，どのニューロンが興奮したかによって，4種類の画像のどれであるかがわかる」というニューラルネットワークです。出力ベクトルの成分はこのように1つだけ1になり，他はゼロになるようにしますが，このようなベクトルを**ワンホット（one-hot）ベクトル**と呼びます。1つ（one）の成分だけが熱い（hot）というわけですが，この関係をまとめると次の表になります。表の左側が x_1 と x_2 が0と1のどちらをとるかを示し，表の右側が z_1 から z_4 までのどれか1つが1となることを表しています。

表2-1　2画素の白黒画像と出力ベクトルの関係

x_1	x_2	z_1	z_2	z_3	z_4
0	0	1	0	0	0
0	1	0	1	0	0
1	0	0	0	1	0
1	1	0	0	0	1

2.2　ニューラルネットワークの構成を手計算で求めてみよう

　次に，入力層のニューロンと出力層のニューロンがどのような規則で動けば，表2-1のような関係をみたせるのか考えてみましょう。重みやバイアスは，ニューラルネットワークの構造を決める重要な量で，**パラメーター**と呼ばれます。ここで規則を決める，あるいは求めるということは，「重みとバイアスを決めること」を意味します。まず，手計算でこれらのパラメーターを導出します。続いて，本章の後半ではプログラムを使ってパラメーターを求めてみましょう。

　出力層の4つのニューロンは形式ニューロンであるとします。形式ニューロンの場合は，活性化関数が階段関数なので，出力層のニューロン O_j では，(1.1) 式と同様に入力層からの信号 x_1, x_2 にそれぞれの重み w_{1j}, w_{2j} をかけてバイアス b_j を加えた活性

$$y_j = w_{1j}x_1 + w_{2j}x_2 + b_j$$

の正負によって，活性化関数である階段関数の出力 z_j が0か1であるかが決まります。添字 j を1から4まで入れて y_j を書き下すと

$$y_1 = w_{11}x_1 + w_{21}x_2 + b_1 \tag{2.1}$$

$$y_2 = w_{12}x_1 + w_{22}x_2 + b_2 \tag{2.2}$$

$$y_3 = w_{13}x_1 + w_{23}x_2 + b_3 \tag{2.3}$$

$$y_4 = w_{14}x_1 + w_{24}x_2 + b_4 \tag{2.4}$$

となります。このネットワークが表2-1に対応する機能をはたすためには，前節で見たように，図2-1の2進数 "00" の場合には，$(z_1\ z_2\ z_3\ z_4) = (1\ 0\ 0\ 0)$ が出力される必要があります。形式ニューロンの活性化関数はヘビサイドの階段関数ですが，ここでは少し簡略化した次の階段関数を使います。

$$z_j = H(y_j) = \begin{cases} 1 & (y_j > 0) \\ 0 & (y_j \le 0) \end{cases} \qquad (j = 1, 2, 3, 4) \tag{2.5}$$

ヘビサイドの階段関数では $y_j = 0$ の場合の値は 0 でも 1 でもないのですが，ここでは $y_j = 0$ の場合の値を 0 としています。この条件では，出力が $(z_1\ z_2\ z_3\ z_4) = (1\ 0\ 0\ 0)$ になるには

$$y_1 > 0 \quad かつ \quad y_2 \leq 0, \quad y_3 \leq 0, \quad y_4 \leq 0$$

でなければならないことがわかります。他のパターンの場合も同様に考えると

"01" の場合　　$y_2 > 0$　かつ　$y_1 \leq 0, \quad y_3 \leq 0, \quad y_4 \leq 0$

"10" の場合　　$y_3 > 0$　かつ　$y_1 \leq 0, \quad y_2 \leq 0, \quad y_4 \leq 0$

"11" の場合　　$y_4 > 0$　かつ　$y_1 \leq 0, \quad y_2 \leq 0, \quad y_3 \leq 0$

でなければならないことがわかります。

　これらの条件を満たす重みの組み合わせは多数ありますが，その1つを求めてみます。2進数 "00" の場合は

$$y_1 = w_{11}x_1 + w_{21}x_2 + b_1 = b_1 > 0$$
$$y_2 = w_{12}x_1 + w_{22}x_2 + b_2 = b_2 \leq 0$$
$$y_3 = w_{13}x_1 + w_{23}x_2 + b_3 = b_3 \leq 0$$
$$y_4 = w_{14}x_1 + w_{24}x_2 + b_4 = b_4 \leq 0$$

である必要があります。同様に他の2進数 "01" "10" "11" の場合の条件式も書くことができます。合計で16の不等式が生まれますが，それらを満たすように解を求めます。手計算による解き方は難しくはありませんが紙面を要するので巻末の付録に記載しています。ご興味のある方はご覧ください。

　結果の1つは，

$$y_1 = -2x_1 - 2x_2 + 1 \tag{2.6}$$

$$y_2 = -2x_1 + x_2 \tag{2.7}$$

$$y_3 = x_1 - 2x_2 \tag{2.8}$$

$$y_4 = x_1 + x_2 - 1 \tag{2.9}$$

となります。x_1 と x_2 に4つのパターンの0と1の組み合わせを代入して
みると，次表のようにニューロン $O_1 \sim O_4$ から各パターンに対応する出力
$z_1 \sim z_4$ が得られ，ニューラルネットワークとして機能していることが確認
できます。

表 2-2　入力ベクトルと出力ベクトルの関係

$(x_1\ x_2)$	$(y_1\quad y_2\quad y_3\quad y_4)$	$(z_1\ z_2\ z_3\ z_4)$
$(0\ \ 0)$	$(\ \ 1\quad\ \ 0\quad\ \ 0\quad -1)$	$(1\ 0\ 0\ 0)$
$(0\ \ 1)$	$(-1\quad\ \ 1\quad -2\quad\ \ 0\ )$	$(0\ 1\ 0\ 0)$
$(1\ \ 0)$	$(-1\quad -2\quad\ \ 1\quad\ \ 0\ )$	$(0\ 0\ 1\ 0)$
$(1\ \ 1)$	$(-3\quad -1\quad -1\quad\ \ 1\ )$	$(0\ 0\ 0\ 1)$

このように画素数が少なく，色も白と黒しかない場合には，多少面倒です
が，手計算で重みとバイアスを求められます。

2.3　ネットワークの構成をプログラムを使って求めてみよう

　前節では，手計算によって不等式を解いて，重みとバイアスを求めた例を
示しました。次に，プログラムを書いてコンピューターを使って重みとバイ
アスを求めてみましょう。プログラムの知識が全くない読者もいらっしゃる
と思いますが，心配には及びません。また，パソコンを持っていないという
読者もいらっしゃると思いますが，スマートフォンでも間に合います。

　まず，プログラムの構造から考えましょう。前節と同様に図2-2のニュー
ラルネットワークの構成で考えることにします。つまり，$(x_1\ x_2) = (0\ 0)$ や
$(x_1\ x_2) = (1\ 0)$ を入力すると，$(z_1\ z_2\ z_3\ z_4) = (1\ 0\ 0\ 0)$ や $(z_1\ z_2\ z_3\ z_4) =$
$(0\ 0\ 1\ 0)$ を出力するプログラムにします。ただ，重みとバイアスの値はこ

のプログラムによって求めるので初めは未知です。

では，どうやって計算するのかですが，重みとバイアスの値には，-2から $+2$ までの 5 つの整数 -2, -1, 0, 1, 2 を代入して（つまり，5 通り），すべての組み合わせの出力を総当たりで計算してみることにします。そして，その中に正解が含まれていることを期待します。とすると，(2.1) 式の

$$y_1 = w_{11}x_1 + w_{21}x_2 + b_1$$

の計算においては，2 つの重みとバイアスがそれぞれ 5 通りあるので，計算の組み合わせは

$$5 \times 5 \times 5 = 125 \text{通り}$$

あることになります。そしてその中から，正解を与えるバイアスと重みを拾い上げればよいということになります。手計算で 125 通りの計算をするのは，とても大変ですが，コンピューターならほぼ一瞬で終わります。また，正解がない場合には，重みとバイアスの範囲を「-2 から $+2$ まで」より広げた「-3 から $+3$ まで」に変更し，正解が得られるまでパラメータの範囲を順次広げていけばよいでしょう。

次に，コンピューターの出力が正解であるかどうかの判定方法について考えましょう。正解はすでに見たように，前々節の表 2-1 の関係です。ニューロン O_1 の出力 z_1 に注目すると，重みとバイアス (w_{11}, w_{21}, b_1) の組み合わせが正しければ，$(x_1\ x_2)$ が $(0\ 0)$, $(0\ 1)$, $(1\ 0)$, $(1\ 1)$ の場合のそれぞれの z_1 は 1, 0, 0, 0 の正解を与える必要があります。これは，表 2-1 の z_1 の縦の列に対応します。ところが，ある重みとバイアスの組み合わせ (w_{11}, w_{21}, b_1) の場合の出力 z_1 が誤ってそれぞれ 1, 1, 0, 0 であった場合に，「この結果がどの程度正しいのか」を判断する必要があります。この「どの程度正しいのか」を表す量を誤差と呼びます。誤差には様々な定義がありますが，「出力と正解との差」ではなく，差の 2 乗をとる手法がよく使われます。2 乗をとるのは，単純に正解との差をとると，差に正と負の両方の値が出るので，これらを単純に足し合わせた場合に適切な評価ができないからです。差の 2 乗をとれば，常に正の値かゼロになるので，「なるべくゼロに近い方が誤差は

小さい」ということになります。この2乗をとった誤差を**2乗誤差**と呼びます。先ほどの出力 z_1 が，それぞれ 1, 1, 0, 0 であった場合には，表 2-1 の z_1 の縦の列についての2乗誤差を足し合わせると

$$(1-1)^2 + (1-0)^2 + (0-0)^2 + (0-0)^2 = 1$$

となります。

一般化すると k 番目の画像に対するニューロンの出力を z_k で表し，正解（**ターゲット**ともいう）を r_k で表すと，n 個の画像の2乗誤差は

$$L = \sum_{k=1}^{n} (z_k - r_k)^2$$

になります。誤差としては，これを n で割った**平均2乗誤差**

$$L = \frac{1}{n} \sum_{k=1}^{n} (z_k - r_k)^2$$

も用いられます。この平均2乗誤差が小さいほど，優れたニューラルネットワークです。なお，ニューラルネットワークの分野では慣例的に，n ではなく $2n$ で割った

$$L = \frac{1}{2n} \sum_{k=1}^{n} (z_k - r_k)^2$$

を用いることもあります。

このような誤差を表す関数を，**損失関数**や**誤差関数**と呼びます。この損失関数の値が最小になることが期待されますが，「最小になることを期待される関数」を**目的関数**と呼びます。なお，ニューラルネットワークの分野では，本節で述べた誤差とは異なる量も誤差と呼びます（第4章で登場しますが「損失関数の微分」も誤差と呼ばれています）。また，誤差と誤差関数が混じると混乱するかもしれないので本書では誤差関数という用語は使わず損失関数を使います。

2.4　もう1つの損失関数

　損失関数には，平均2乗誤差に加えて，**交差エントロピー誤差関数（クロスエントロピー誤差関数）** がよく使われています。交差エントロピー誤差が適しているのは分類問題です。多くの読者にとっては**エントロピー**というのは謎の言葉だと思いますが，この交差エントロピー誤差関数を見てみましょう。

　エントロピー S というのはもともとは物理学の中の熱力学の専門用語です。気体の分子の集団などがとりうる「状態の数」を W で表した場合に，

$$S = -k \log_e W = -k \ln W$$

という関数で表される量です。記号 $\ln$ はこの式のように自然対数を表します。ここで k はボルツマン定数と呼ばれる数です。このエントロピーは数学的には対数関数を使っていることが特徴的であり（対数関数については本章末のコラムをご覧下さい），物理的な性質をあえて言うと「乱雑さを表す量」になります。ただ，交差エントロピー誤差関数と関係が深いのは，この物理学のエントロピーではないので，状態の数やボルツマン定数の説明は本書では省きます（ご関心のある方は拙著の『高校数学でわかるボルツマンの原理』などをご覧ください）。

　エントロピーと呼ばれる量は，情報学にもあってこの関数を H とすると

$$H = -p \log_a p$$

で定義されています。ここで，p は「ある事象が起こる確率」です。このエントロピーは先ほどの「熱力学のエントロピー」と区別するために**情報エントロピー**とも呼ばれます。情報エントロピーは，熱力学のエントロピーを参考にして「情報理論の父」と呼ばれるシャノン（1916–2001）が定義しました。交差エントロピー誤差と関係が深いのは，こちらの情報エントロピーです。通常は，対数の底 a の値として2をとりますが，この場合はエントロピーの単位はビット（bit）です。なお，底として10をとるときの単位はディット（dit）で，e をとるときはナット（nat）です。

　この情報エントロピーの例を見てみましょう。1枚のコインがあって，このコインを投げて表が出る確率をpとします。すると，裏が出る確率は$(1-p)$です。この両者の情報エントロピーを足すと

$$H = -p \log_2 p - (1-p) \log_2 (1-p)$$

となります。これを**エントロピー関数**と呼びます。ただし，このコインに刻まれた表と裏の紋章は異なっていて重量に何らかのアンバランスがあり，コインを投げたときに表が出る確率pは2分の$1(=0.5)$であるとは言えず，0から1までのどれかの値をとるとします。この式をグラフにすると図2-3になります。グラフの横軸の両端の$p=0$と1ではエントロピーはゼロになり，$p=0.5$では1になります。この情報エントロピーも乱雑さを表していると考えられます。$p=1$は必ず表が出る場合であり$p=0$は必ず裏が出る場合なので，それぞれの「情報の乱雑さはゼロ」です。一方，$p=0.5$の場合には，表と裏のどちらが出るかは投げてみないとわからないので「情報の乱雑さは最も大きい」ということになります。

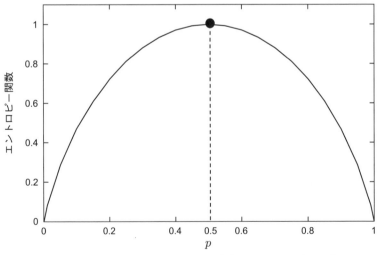

図2-3　コイン投げで表か裏が出る事象のエントロピー関数

　さて，コイン投げのエントロピー関数を理解したので，ディープラーニングの交差エントロピー誤差関数を見てみましょう。ディープラーニングで出力数が１つの場合の交差エントロピー誤差関数は，

$$L(t, y) \equiv -t \ln y - (1-t) \ln(1-y) \tag{2.10}$$

で表されます。記号 ln は自然対数を表し，t は正解で０か１のどちらかの値をとります。正解が０か１かの２値なので，**２値交差エントロピー誤差関数**と呼びます。英語だと，Binary Cross Entropy Function（バイナリクロスエントロピーファンクション）です。出力 y の値の範囲は０から１までです。さきほどの情報エントロピー関数の数式とよく似ていて，こちらもエントロピー関数と呼ばれています。

　この関数は，一見すると難しい関数のように見えますが，中身は実は簡単です。まず，正解 t が１の場合を見てみましょう。(2.10) 式の右辺の第２項はゼロになって第１項だけが残り，次式のように簡単になります。

$$L(1, y) = -\ln y \tag{2.11}$$

つまり，自然対数の正負を逆にし（本章のコラムの図 2-11 の縦軸の上下を逆にし），横軸として出力 y（図 2-11 では x）を０から１までの範囲にとったものです。このグラフは図 2-4 の実線のカーブのようになります。

　自然対数では，y がゼロに近づくとマイナス無限大に発散しますが，(2.11) 式の関数は図 2-11 とは上下が逆になっているので，プラス無限大に発散します。y が非正解の０に近づくほど損失値は無限大に向かって大きくなり，逆に y が正解の１に近づくほど小さくなりゼロになります。なので，損失関数としての役目をよく果たしていることがわかります。

　また，正解 t が０の場合のグラフでは (2.10) 式の右辺の第２項のみが残り，

$$L(0, y) = -\ln(1-y)$$

となり，グラフの形は $y = 0.5$ を中心に左右に反転した形になります（図 2-4 の点線のカーブ）。y が正解の０に近づくほど損失値は小さくなり，逆に y が

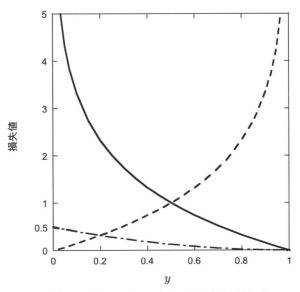

図 2-4　正解 $t=1$ の場合の交差エントロピー誤差関数（実線）と $t=0$ の場合の交差エントロピー誤差関数（点線）と 2 乗誤差関数（一点鎖線）

正解から遠ざかって 1 に近づくほど損失値が大きくなります。したがって，損失関数として適切に働くことがわかります。このように正解が 0 か 1 かのいずれにおいても符号を反転させた自然対数なので，わかりやすい関数です。そして，図 2-4 のように，この 2 つのカーブは「交差」しています。

　正解が 0 か 1 のどちらかである 2 値の分類問題の損失関数としては，一般に 2 乗誤差よりも交差エントロピー誤差の方が優れています。損失関数として次式の 2 乗誤差を用いた場合の

$$L(t,y) \equiv \frac{1}{2}(t-y)^2$$

$t=1$ の損失関数のカーブを図 2-4 に一点鎖線で示しています。$y=0$ の損失値は 0.5 なので，$y=0$ で交差エントロピー誤差が無限大になるのに比べると，はるかに小さな値です。第 4 章で勾配消失問題が登場しますが，勾配が

大きい方が損失関数としてより適しています。確認のためにそれぞれの勾配を求めてみましょう。この2つの関数をそれぞれ微分して勾配を求めると，2乗誤差では，$t=1$ の場合の傾きは，

$$\frac{d}{dy}\left\{\frac{1}{2}(1-y)^2\right\}=y-1$$

となり（微分の詳細にご関心のある方は補章をご覧ください），$y=0$ での傾きは -1 であるのに対して，交差エントロピー誤差では，$t=1$ の場合の傾きは，

$$\frac{d}{dy}\{-\ln y\}=-\frac{1}{y}$$

となり（微分の詳細は補章をご覧ください），$y=0$ での傾きは $-\infty$ となるので，交差エントロピー誤差の傾きの方がずっと大きくなり，勾配消失問題に対して有利です。

なお，2値交差エントロピー誤差の正解は0か1かでしたが，分類のクラス数（種類の数）が N である場合には，それぞれのエントロピー関数の和を取った

$$L(t,y)\equiv\frac{1}{N}\sum_{i=1}^{N}\{-t_i\ln y_i-(1-t_i)\ln(1-y_i)\}$$

が損失関数に使われます。

2.5　プログラムの決まりごと

プログラムに使う言語にはいくつもの種類がありますが，ニューラルネットワークの分野では Python がよく使われています。本書でその Python に触れてみましょう。多くのプログラミング言語には共通する規則があります。それを頭に入れておくと，プログラミング言語の修得が容易になります。それらの規則を見ていきましょう。

まず，ある変数 x1 に数値を代入する場合は

```
x1 = 1
```

と書きます。ここでは変数 x1 に 1 を代入しました。

　次に四則の計算記号は $+ - \times \div$ ではなく

```
+ - * /
```

を使います。掛け算はアスタリスク * を使い，わり算はスラッシュ / を使います。アスタリスクを使う理由は通常の掛け算の記号 × がアルファベットの x と紛らわしいからです。

　プログラムを使った計算の利点は，繰り返しの計算が簡単にできることです。たとえば，変数 w1 を -2 から $+2$ まで 1 ごとに変えて，何かの計算を繰り返すとき **for ループ** という処理を使います。ループというのは，同じ計算（または処理）をぐるぐる繰り返すことを意味します。この for ループの書き方は，言語によって多少違いがありますが，Python の場合は一例として

```
for w1 in range(-2, 3):
    y = w1 * 3
    print(y)
```

と書きます。for で始まる 1 行目は，変数 w1 を -2 から $+2$ まで（$+3$ は含まない），1 ごと変化させて，「その次の行以降の命令」を実行するという命令です。ここで，2 行目は変数 w1 の値に 3 をかけたものを変数 y に代入し，3 行目はその y の値を **print 命令** を使って画面上に表示します。この場合，w1 が -2 から $+2$ まで，1 ずつ変わるごとに，y の値が画面に表示されるので，計 5 回表示されることになります。

　Python で気を付けるべきことは，各行のインデント（字下げ：行の頭を右にずらすこと）が意味を持つことです。たとえば，for ループの中に含まれる計算や命令のインデントは，先ほどの例のように for ループの始まる行のインデントより右である必要があります。次の例では，for の行のインデントと，その 2 行下の print 命令のインデントが同じですが，

```
for w1 in range(-2, 3):
    y = w1 * 3
print(y)
```

この場合は「print 命令は for ループに含まれない」ことになります。し
たがって，for ループ内の計算 y = w1 * 3 を w1 を -2 から 2 まで終わっ
た後に，1 回だけ y の値が画面に表示されます。

　for ループと同じくとても役に立つ命令が他にもあります。それは，**if 命
令**による条件判断です。if 命令とは，「もし〜の条件を満たすのであれば，
次の行の命令を実行せよ」という命令です。たとえば，

```
if( y == 0):
    print('y=', y)
else:
    print('y not 0')
```

というプログラムは，y の値が 0 に等しい場合は，次の行の print 命令で

```
y=0
```

を画面に表示します。ここで，print 文の中の ' ' で囲われた文字はその
まま画面に表示されます。if 文の中の条件判断に使う等号は Python では
このように通常の等号である「=」を 2 つ並べた

```
==
```

を使います。大小の条件判断には，通常の不等号の

```
> や <
```

を使い，「>>」や「<<」は使いません。「以上」や「以下」の条件判断では，
「不等号＋等号」の組み合わせで

```
>= や <=
```

を使います（逆の「等号＋不等号」の順の => や =< は不可です）。

　if 命令に else 命令を加えた if〜else 文では，if 命令の条件を満たさないときには else 命令の次の行が実行されます。なお，for で始まる行と，if や else で始まる行の右端には :（コロン）をつける必要があります。

　さて，これでプログラムに必要な最小限の命令を理解しました。次は，Python を使って，重みとバイアスを求めてみましょう。

2.6　Google Colaboratory を使おう！

　通常は，プログラムを使う場合には，パソコンやスマートフォンにプログラミング言語をインストールします。しかし，Google の Chrome（クローム）や Apple の Safari（サファリ）などのウェブブラウザを使って Google の **Colaboratory（コラボラトリー）** の web ページに入れば，Python をインストールすることなく使えます。しかも基本的な機能は無料で利用できます。早速試してみましょう。

　まず，ウェブブラウザで「グーグルコラボ」などで検索をかけて，Colaboratory のページにアクセスしてください。パソコンとスマホではそれぞれ次のような画面が現れるはずです。

図 2-5　**Google Colaboratory** の web ページ（PC）　（画像提供：Google）

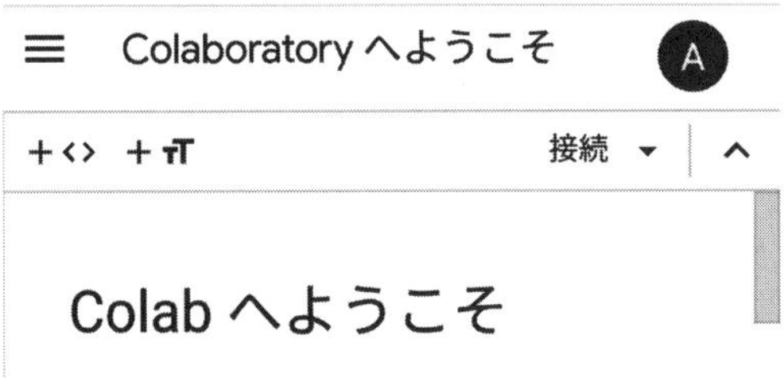

図2-6　Google Colaboratory の web ページ（スマートフォン）
（画像提供：Google）

　続いて，Google のアカウントを使って，ログインしてください（アンド
ロイドスマートフォンの場合はすでにログインしているはずです）。Google
のアカウントを持っていない方は右上の「ログイン」をクリックすると，次
のページで「アカウントの作成」という表示が現れます。それをクリックす
ると図2-7のアカウントの作成の web ページが現れます。

図2-7　Google アカウント作成の web ページ（画像提供：Google）

　続いて，画面に表示される手順に従ってアカウントを作成してください。ログインしないと Python は使えません。ログイン後の画面は，右上の「ログイン」の表示がアカウントのマークに変わっただけで他は図 2-5，図 2-6 と同じはずです。

　図 2-5 と図 2-6 は，ノートブックと呼ばれる画面で，このノートブックのタイトルは，上段の「Colaboratory へようこそ」です。ここで新しいノートブックを作ってみましょう。そのためには，左上の「ファイル」から「ノートブックを新規作成」を開きます（スマホの場合は，タイトルの左横の「三本線（通称ハンバーガーマーク）」にタッチしてから「ファイル」へ）。すると，新しいノートブックが開き，左上のタイトルは，「Untitled0.ipynb」などに変わっているはずです。このタイトルの「Untitled0」は自由に変更できますが，拡張子の ipynb はそのままにして下さい。

　ログイン後にノートブックを使用できるのは 12 時間とされています。また，計算量によってはコラボラトリーの利用が制限されることもあるようです。初学者の計算量がそのような制限にかかる可能性はほとんどないと思われますが，長時間の使用や大きな計算を希望する方には有料版の Colab Pro や Colab Pro+ が用意されています。

　画面の上部に次のような記入欄が出ているはずですが，

図 2-8　コードセル（プログラム記入欄）（画像提供：Google）

これをコードセルと呼び，ここに Python のプログラムを書き込んで，左端の実行ボタン（右向きの三角）をクリックするとプログラムが実行できます。なお，コードセルが無い場合は，画面の上部の左寄りの「＋コード」をクリックすれば現れます。スマホでは上部の ＋<>にタッチします。ノートブックを保存するには，左上の「ファイル」から「保存」を選びます。

　本書のプログラムは，東京図書の Web ページ http://www.tokyo-tosho.
co.jp/books/978-4-489-2389-7/ からダウンロードしてください。各プログ
ラムは，テキストファイルに書かれているので，ファイルを開いて，コピー
アンドペーストで，さきほどのコードセルにペーストしてください。三角
マークをクリックするとプログラムが実行され，結果はすぐ下に現れます。
　次のプログラム 2.1 では (2.1) 式等のパラメータを求めます。

```
-------プログラム 2-1----------------------------
for w1 in range(-2, 3): # 重みw1を-2から+2まで1ずつ変える。
  for w2 in range(-2, 3): # 重みw2を-2から+2まで1ずつ変える。
    for b in range(-2, 3): # バイアスbを-2から+2まで1ずつ変える。

      # 活性の計算と活性化関数による発火の判定
      x1 = 0; x2 = 0   # (x1 x2)=(0 0)の場合
      y00 = w1*x1 + w2*x2 + b
      if y00> 0:
        z00=1
      else:
        z00=0

      x1 = 0; x2 = 1   # (x1 x2)=(0 1)の場合
      y01 = w1*x1 + w2*x2 + b
      if y01 > 0:
        z01=1
      else:
        z01=0

      x1 = 1; x2 = 0   # (x1 x2)=(1 0)の場合
      y10 = w1*x1 + w2*x2 + b
      if y10 > 0:
        z10=1
      else:
        z10=0

      x1 = 1; x2 = 1   # (x1 x2)=(1 1)の場合
      y11 = w1*x1 + w2*x2 + b
      if y11 > 0:
        z11=1
```

```
else:
  z11=0
```

```
# 2乗誤差の計算
er1=(z00-1)**2+(z01-0)**2+(z10-0)**2+(z11-0)**2
er2=(z00-0)**2+(z01-1)**2+(z10-0)**2+(z11-0)**2
er3=(z00-0)**2+(z01-0)**2+(z10-1)**2+(z11-0)**2
er4=(z00-0)**2+(z01-0)**2+(z10-0)**2+(z11-1)**2
```

```
# 適合するパラメーターの判別
if er1==0: #er1=0ならニューロンO1 の重みとバイアスに対応
    print('z1 : (w1 w2 b) = (', w1, w2, b,
    ') : (z00 z01 z10 z11) = (', z00, z01, z10, z11, ')')

if er2==0: #er2=0ならニューロンO2 の重みとバイアスに対応
    print('z2 : (w1 w2 b) = (', w1, w2, b,
    ') : (z00 z01 z10 z11) = (', z00, z01, z10, z11, ')')

if er3==0: #er3=0ならニューロンO3 の重みとバイアスに対応
    print('z3 : (w1 w2 b) = (', w1, w2, b,
    ') : (z00 z01 z10 z11) = (', z00, z01, z10, z11, ')')

if er4==0: #er4=0 ならニューロン O4 の重みとバイアスに対応
    print('z4 : (w1 w2 b) = (', w1, w2, b,
    ') : (z00 z01 z10 z11) = (', z00, z01, z10, z11, ')')
```

　プログラムに慣れていない方には,「この記号のカタマリは何?」という印象を持たれると思います。しかし, 1行ずつバラバラに分解して見て行くと中身は難しくはありません。

　まず, #（シャープ）は**コメント文**を表す記号で, #より右側の文はコンピューターは実行しません。コメント文は, プログラムを読む人にそれぞれの命令の意味や注意事項などを伝えるために使います。プログラム 2-1 では冒頭に以下のように for ループの命令が3行続いています。

```
for w1 in range(-2, 3): # 重みw1 を-2から+2まで1ずつ変える。
    for w2 in range(-2, 3): # 重みw2 を-2から+2まで1ずつ変える。
```

```
for b in range(-2, 2): # バイアスbを-3から+3まで1ずつ変える。
```

これは (2.1) 式において，変数 w1，w2 とバイアス b を -2 から $+2$ まで 1 ずつ変えて，(x1 x2) が (0 0)，(0 1)，(1 0)，(1 1) の場合について計算するものです。

　このプログラム 2-1 の 5 行目以降は，以下のように変数 y00 を計算するものであり，

```
x1 = 0; x2 = 0   # (x1 x2)=(0 0)の場合
y00 = w1 * x1 + w2 * x2 + b
```

ここで変数 y00 は，(x1 x2)=(0 0) の場合の (2.1) 式の活性 y_1 です。1 行の中に「x1 = 0; x2 = 0」という 2 つの命令が入っていますが，1 行に複数の命令があることを**マルチステートメント**と呼びます。このようにセミコロン (;) を使えば，マルチステートメントが可能になります。

　続いて，if〜else 文が 4 行並んでいますが，

```
if y00>0:
    z00=1
else:
    z00=0
```

これは階段関数を表しています。y00 の値が正の場合は，if 命令の次の行が実行されて z00 は 1 になり，y00 の値が 0 以下の場合は，else 命令の次の行が実行されて z00 は 0 になります。ここで変数 z00 は，(x1 x2)=(0 0) の場合の (2.5) 式の z_1 です。

　さらに下段では同様に y01，y10，y11 を計算し，活性化関数の発火を判別します。同様に，(x1 x2)=(0 1) の場合の z_1 である z01，(x1 x2)=(1 0) の場合の z_1 である z10，(x1 x2)=(1 1) の場合の z_1 である z11 も求めます。

　これらの計算結果が正しいかどうかは，表 2-1 の z_1 の列を縦に読んで判定しますが，結果がどの程度正しいかは 2 乗誤差 er1 で判定します。er1

は，表 2-1 の右側の z_1 の縦の列の正解との比較で

```
er1=(z00-1)**2+(z01-0)**2+(z10-0)**2+(z11-0)**2
```

です。この式の $**$ は，累乗を表します。たとえば，x^2 を Python では，$x**2$ で表します。if 文を使って，これがゼロになるかどうか判定します。er1 がゼロになる場合は「適切な重み w1 と w2 と適切なバイアス b が選ばれていること」を意味するので，print 命令を使って変数 z1 と重みとバイアスを画面に書き出します。

```
if er1==0: # er1=0ならニューロンO1の重みとバイアスに対応
    print('z1 : (w1 w2 b) = (', w1, w2, b,
    ') : (z00 z01 z10 z11) = (', z00, z01, z10, z11, ')'
```

　同様に，(2.5) 式の変数 z_2, z_3, z_4 についても同じ計算を行う必要がありますが，これらの変数ごとに z00 や z01 を計算する for ループのプログラムを新たに加える必要はありません。計算には先ほどの for ループを使い，判定のために以下のような 2 乗誤差 er2, er3, er4（それぞれ z_2, z_3, z_4 の場合に対応します）と if 命令を加えればよいのです。

```
er2=(z00-0)**2+(z01-1)**2+(z10-0)**2+(z11-0)**2
er3=(z00-0)**2+(z01-0)**2+(z10-1)**2+(z11-0)**2
er4=(z00-0)**2+(z01-0)**2+(z10-0)**2+(z11-1)**2
```

表 2-1 の右側の z_2 の縦の列の正解と比べる 2 乗誤差が er2 で，z_3 の縦の列の正解と比べる 2 乗誤差が er3 で，z_4 の縦の列の正解と比べる 2 乗誤差が er4 です。

　w1 と w2 と b を -2 から $+2$ まで 1 ずつ変えて，er1 から er4 を計算し，そのどれかが 0 になった場合には，if 命令を使って，対応するニューロンの番号とその w1，w2，b などを書き出す命令になっています。

　計算結果は，図 2-9 のように出力されますが，z1 で始まる行の w1 と w2 は，(2.1) 式の w_{11} と w_{21} に対応し，z2 で始まる行の w1 と w2 は，(2.2) 式の w_{12} と w_{22} に対応し，z3 で始まる行の w1 と w2 は，(2.3) 式の w_{13} と w_{23} に

```
z1 : (w1 w2 b) = ( -2 -2 1 ) : (z00 z01 z10 z11) = ( 1 0 0 0 )
z1 : (w1 w2 b) = ( -2 -1 1 ) : (z00 z01 z10 z11) = ( 1 0 0 0 )
z2 : (w1 w2 b) = ( -2 1 0 ) : (z00 z01 z10 z11) = ( 0 1 0 0 )
z1 : (w1 w2 b) = ( -1 -2 1 ) : (z00 z01 z10 z11) = ( 1 0 0 0 )
z1 : (w1 w2 b) = ( -1 -1 1 ) : (z00 z01 z10 z11) = ( 1 0 0 0 )
z2 : (w1 w2 b) = ( -1 1 0 ) : (z00 z01 z10 z11) = ( 0 1 0 0 )
z3 : (w1 w2 b) = ( 1 -2 0 ) : (z00 z01 z10 z11) = ( 0 0 1 0 )
z3 : (w1 w2 b) = ( 1 -1 0 ) : (z00 z01 z10 z11) = ( 0 0 1 0 )
z4 : (w1 w2 b) = ( 1 1 -1 ) : (z00 z01 z10 z11) = ( 0 0 0 1 )
```

図 2-9　重みとバイアスの出力例（抜粋）（画像提供：Google）

対応し，z4 で始まる行の w1 と w2 は，(2.4) 式の w_{14} と w_{24} に対応します。バイアス b の対応も同様です。不等式を使って手計算で求めた (2.6)〜(2.9)式と比べてみると，(2.6) 式は 1 行目に (2.7) 式は 3 行目に (2.8) 式は 7 行目に (2.9) 式は最後の行に対応していることがわかります。

このように (2.1) 式から (2.4) 式のいずれかを満たす，w1，w2，b をプログラムを使った計算で求められました。Python を使ったプログラムはいかがだったでしょうか。初めてプログラムに接した方には戸惑うところが多かったかもしれません。しかし，難しい内容ではないので，何回か見直すうちにだんだんとわかってくることでしょう。

2.7　メインルーチンとサブルーチンそして関数

プログラム 2-1 には，for ループが 3 つあって，一連の計算を何回も繰り返しました。このようにプログラムは定まった仕事を繰り返し行うので，プログラムの主な部分を**メインルーチン**と呼びます。日常生活でもルーチンワークという言葉が使われることがありますが，ルーチンという言葉は，「定型化された仕事や作業」を意味します。

プログラム 2-1 をさらに詳しく見ると，「活性 y_i を計算した後，if 文を使って活性化関数（階段関数）が発火するかしないかを 0 か 1 かで出力する」というプログラムが 4 回含まれています。そこで，この部分のプログラ

ムを分離して名前を付けて，メインルーチンから呼び出すことにすれば，プ
ログラムの重複が減って簡単になります。この呼び出されるプログラムを**サ
ブルーチン**と呼びます。とくに，メインルーチンとサブルーチンでデータの
やりとりをし，あたかも数学の関数のように働くサブルーチンを**関数**と呼び
ます。また，メインルーチンからサブルーチンに引き渡す変数や数値を**引数**
と呼びます。ただし，プログラミング言語によっては，サブルーチン全体を
関数と呼ぶこともあります。Pythonでは，クラスと呼ばれるサブルーチン
の中で使われる関数を**メソッド**と呼んでいます。関数とメソッドはどう違う
のか，となると各プログラミング言語によって定義が異なります。

　プログラム2-1の前半（**# 2乗誤差の計算**の前まで）を関数を使って改訂し
たのが次のプログラム2-2です。

```
--------プログラム2-2-----------------------
# 関数 hakka を定義：活性化関数による発火の判定
def hakka(x1, x2, b):
    y = w1*x1 + w2*x2 + b
    if y> 0:
        z=1
    else:
        z=0
    return z


# メインルーチン
for w1 in range(-2, 3): # w1 を -2 から +2 まで 1 ずつ変える。
    for w2 in range(-2, 3): # w2 を -2 から +2 まで 1 ずつ変える。
        for b in range(-2, 3): # b を -2 から +2 まで 1 ずつ変える。

            x1 = 0; x2 = 0  # (x1 x2)=(0 0)の場合
            z00=hakka(x1, x2, b)

            x1 = 0; x2 = 1  # (x1 x2)=(0 1)の場合
            z01=hakka(x1, x2, b)

            x1 = 1; x2 = 0  # (x1 x2)=(1 0)の場合
            z10=hakka(x1, x2, b)
```

```
x1 = 1; x2 = 1   # (x1 x2)=(1 1)の場合
z11=hakka(x1, x2, b)
```

ここでは，forループの前の冒頭で関数hakkaを定義しています。定義の英語はdefinition（ディフィニション）ですが，関数を定義する命令は三文字をとったdefです。関数の名前のhakkaの右のカッコの中に書かれているx1，x2，bは引数で，メインルーチンから関数に引き渡される変数を指定しています。関数の最後の行のreturn zは，関数で求めたzをメインルーチンに戻す命令で，戻される数値を戻り値と呼びます。

メインルーチンの中では，一例として次のように書くことで

```
z00=hakka(x1, x2, b)
```

関数hakkaが呼び出され，関数内の計算結果zの値がメインルーチンの変数z00に引き渡されます。このプログラムは，プログラム2-1よりすっきりしています。（なお，forループの中のインデントは揃えて下さい。）

2.8 ニューラルネットワークをシミュレートしてみよう！

パラメーターが求められた(2.6)〜(2.9)式を使ったニューラルネットワークをプログラムして動作をシミュレートしてみましょう。プログラム2-3は，x1とx2に0か1を入力すると，(2.6)〜(2.9)式によって(z1 z2 z3 z4)を出力するプログラムです。

```
---------プログラム2-3----------------------------
# x1とx2の値の入力
x1=input ('x1=')
x2=input ('x2=')

# 文字型データから整数型データへの変換
```

```
x1=int(x1)
x2=int(x2)
# (2.6)-(2.9)式
y1 = -2 * x1 -2 * x2 + 1 # (2.6)式
y2 = -2 * x1 + x2 # (2.7)式
y3 = x1 -2 * x2 # (2.8)式
y4 = x1 + x2 - 1 # (2.9)式

# 活性化関数
if y1 > 0: z1 = 1   # 階段関数
else: z1 = 0
if y2 > 0: z2 = 1   # 階段関数
else: z2 = 0
if y3 > 0: z3 = 1   # 階段関数
else: z3 = 0
if y4 > 0: z4 = 1   # 階段関数
else: z4 = 0

# 結果の画面出力
print('(x1 x2)=(', x1, x2, ') : (z1 z2 z3 z4)=(',
z1, z2, z3, z4, ')')
----------------------------------------
```

　2行目は，input命令で，このプログラムを実行すると，カッコの中の x1= が画面に表示され，x1 の値の入力を求められます。そして入力した値は，変数 x1 に代入されます。ただし，input命令で読み込まれる数字は「計算可能な数値データ」ではなく「単なる文字列データ」になるので，そのままでは計算ができません（データの型については第4章のコラムをご覧ください）。

　5行目の

```
x1=int(x1)
```

という命令では，int命令（インティジャーは，英語で整数の意味）によって，文字列のデータを計算ができる整数データに変換し，さらにその整数をあらためて変数 x1 に代入しています。変数 x2 についても同様に処理し

ます。

このプログラムでは，その後に (2.6) 式から (2.9) 式に対応する y1 から y4 を求める計算式が並んでおり，その計算結果はその後の階段関数によって処理されます。if〜else 命令では，if や else の次の行ではなく，このようにコロン（:）の右に「実行させたい命令」を書くことも可能です。

最後に計算結果は print 文によって画面に表示されます。x1 と x2 に 0 または 1 を代入すると，その組み合わせによって，次の出力例のように，z1 〜z4 のどれかが 1 になるとともにそれ以外が 0 になるワンホットな動作が実現されていることが確認できます。

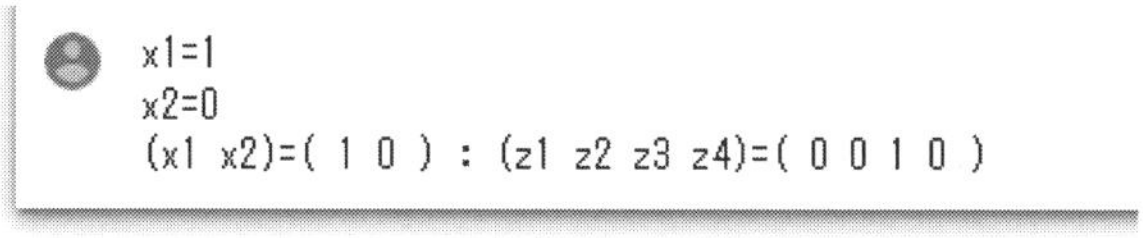

図 **2-10** ワンホットな出力例（画像提供：Google）

先ほどの重みとバイアスを求めるプログラム 2-1 や 2-2 と比べると，このニューラルネットワークをシミュレートするプログラム 2-3 の方がずっと簡単です。このように，重みやバイアスなどのパラメーターを求めるプログラムと比較すると，パラメーターの値が定まったニューラルネットワークを実行するプログラムは簡単で計算量もはるかに小さくなります。

さて，本章では，「極限的に小さな画像」を処理するニューラルネットワークのパラメーターを，まず手計算で求め，次に Python で書いたプログラムを Google Colaboratory を使って動かして求めました。初めて Python のプログラムに触れた読者もいらっしゃると思いますが，ここで触ったことで，大幅に Python やプログラムへの抵抗感は下がったことでしょう。通常の大きさの画像処理ではパラメーターの数はずっと多くなるので，このような総当たりの方法で求めるのは実は困難です。次章では，ディープラーニングで実際に使われているパラメーターの求め方を見ていきましょう。

☕*Column*　高校数学の補強編２——対数関数——

　指数関数を理解したので次に対数関数を思い出して知識を補強し
ておきましょう。

　まず，対数は大きな数を簡単に表すために生み出されました。た
とえば，発電量としての１兆ワットをアラビア数字で書くと

$$1,000,000,000,000 \text{ ワット}$$

となり，０が12個付きますが，これを指数で表すと

$$10^{12} \text{ ワット}$$

と簡単化できます。さらに，今後の地球上で必要な発電量や，その
うち太陽光発電で可能な発電量などを議論するときに，この指数
（＝桁−1）だけを議論する方がもっと簡単です。たとえば，「10 の
11乗ワットなのか13乗ワットなのか」と。このように 11乗とか 13
乗とかの指数を抜き出すのが対数関数で，記号は log（ログ）を使い
ます。たとえば，

$$\log 10^{12} = 12$$

と表記します。この式では 10 の何乗であるかを右辺に記していま
す。この 10 を**対数の底**（てい）と呼び，元の 10^{12} を**真数**（しんすう）と呼びます。対数の
底を明示するために，次のように log の右下に底を小さく書くことも
あります。

$$\log_{10} 10^{12} = 12$$

対数関数の表記は，真数 a（前例では 10^{12}）の対数の底が b（前例で
は 10）で対数が c（前例では 12）の場合には，

$$\log_b a = c \tag{2.12}$$

と表します。この関係を指数関数で表すと

$$a = b^c \tag{2.13}$$

になります。

対数の底 b が10である対数を**常用対数**と呼びます。常用と呼ばれるようによく使われる対数です。10を底とすると，10の何乗であるかがわかるので，工学分野などでよく使われます。

自然科学の分野では，「自然対数の底（ネイピア数）e」を底とする対数もよく使われていてこれを**自然対数**と呼びます。

図2-11に自然対数

$$f(x) = \log_e x$$

のグラフを示します。

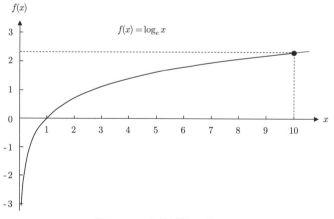

図2-11 自然対数のグラフ

　このグラフの特徴は，真数 x が1より大きい場合と小さい場合で大きくその挙動を変えることです。まず x が1より大きい場合は $f(x)$ はプラスで，1より小さい場合は $f(x)$ はマイナスです。次に，1から x が大きい方へ目で追っていくと，$f(x)$ は大きくなるもののゆるやかにしか増加しないことがわかります。$x=10$ でも $f(10) \cong 2.3$ ですし，このグラフに書ききれないのですが $x=100$ でも $f(100) \cong 4.6$ です。これは真数の桁が変わっても，対数の値は大きくは変わらないという性質をよく表しています。

　ところが，x が1より小さい方へ目で追っていくと，ゼロまでの間に急激に減少していくことがわかります。$x=0.1$ で $f(0.1) \cong -2.3$ です。グラフの外になりますが，$x=0.01$ で $f(0.01) \cong -4.6$，$x=0.001$ で $f(0.001) \cong -6.9$ です。x がゼロに近づくにつれて，$f(x)$ は $-\infty$ に発散します。

　自然対数の記号には，$\log_e$ 以外に ln という記号もよく使われます。なぜ ln と書くのかは諸説あるようですが，自然対数を英語で natural logarithm（ナチュラルロガリズム）と呼ぶので，その n を記号に使っているというのが1つの説です。

Chapter 3

勾配降下法と合成関数の微分

──パラメーターをいかにして最適化するか──

3.1　勾配降下法

　前章では，画素が 2 つの場合の画像認識のニューラルネットワークについて考え，手計算とプログラムの 2 種類の方法で重みとバイアスを求めました。このうちプログラムを使った方法では，重みとバイアスは -2 から $+2$ までの 5 つの整数を使うこととし，そのすべての整数の組み合わせを試して，2 乗誤差がゼロになる重みとバイアスを見つけました。このような「パラメーターの総当たり方式」のプログラムは，重みとバイアスの数が少ない場合は比較的短時間で答えが得られます。しかし，画素数が多くなると重みとバイアスの数も多くなり，計算量も著しく増えることになります。そこで，重みやバイアスの数が増えても，計算量をなるべく大きくしない賢い計算方法が必要になります。

　「パラメーターの総当たり方式」よりもはるかに効率的に適切なパラメーターを求める方法が，本章でこれから紹介する**勾配降下法**です。「勾配」とは「傾き」のことですから，勾配降下法という言葉からは，坂を滑り落ちるようなイメージを持つ方が多いと思いますが，まさにその言葉通りのパラメーターの求め方です。早速，その中身を見てみましょう。

　ここではわかりやすい例として「重みが 1 つしかない場合」から考えましょう。バイアスも無いとして，この重みを記号 w で表します。そして，「損失関数が，重みを変数とする 2 次関数である場合」を考えましょう。このとき 2 次関数の損失関数 $L(w)$ は次式のように表せます。

$$L(w) = aw^2 + bw + c$$

ここで，a, b, c は係数です。2 次関数は，中学や高校の数学で登場したので記憶にある方も多いことでしょう。ここでは，この式をさらに簡単化して，係数については $a=1$ で $b=c=0$ の場合を考えることにします。すると，損失関数を表す数式は

$$L(w) = w^2 \tag{3.1}$$

になります。とても簡単です。図 3-1 がそのグラフです。

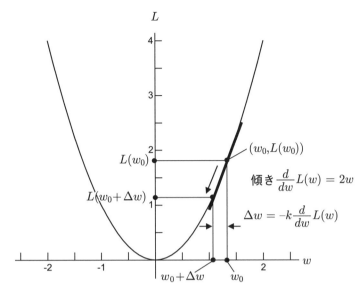

$$L$$

$$(w_0, L(w_0))$$

傾き $\dfrac{d}{dw}L(w) = 2w$

$$\Delta w = -k\dfrac{d}{dw}L(w)$$

$L(w_0)$

$L(w_0 + \Delta w)$

$w_0 + \Delta w$　w_0

w

図3-1　$L = w^2$ のグラフでの勾配降下法

　2次関数の記憶があいまいな方もいらっしゃると思いますが，図3-1の「下
に凸のカーブ」を見れば多少なりとも思い出されることでしょう。重み w の
値は，損失関数 L を最も小さくするものが望ましいわけです。(3.1) 式の場
合は，図3-1からわかるように $w = 0$ で損失関数の値は最小となりゼロにな
ります。ただし，ディープラーニングを使った実際の画像認識などでは，パ
ラメーターの数が多く損失関数も複雑になるので，損失関数を最小にするパ
ラメーターの値は容易にはわからないのが普通です。

　(3.1) 式の損失関数を最小にする w の値を求めるには，勾配降下法では次
のような手順をとります。

1.　まず，重みの初期値を w_0 とします。
2.　次に座標 $(w_0, L(w_0))$ での傾き $\dfrac{d}{dw}L(w)$ を求めます。図3-1のグラフ
　　では

$$\frac{d}{dw}L(w) = \frac{d}{dw}w^2 = 2w$$

です。図 3-1 のグラフでは，w が正の場合には，カーブは右肩上がり
なので傾きは正の値をとります。よって，L が小さくなるのは，座標
$(w_0, L(w_0))$ から見てグラフの左方向です。

3. そこで，L を小さくするために，w の値を w_0 から変位 Δw だけずら
   して $w_0 + \Delta w$ にすることにします。そのためには，傾き $\frac{d}{dw}L(w)$ に
   マイナスをかけて，さらに小さな正の数である k をかけた値を変位
   Δw とします。式で書くと次のようになります。

$$\Delta w = -k\frac{d}{dw}L(w) \tag{3.2}$$
$$= -2kw$$

   k の値は適切に選ぶ必要があり，k を**学習率**と呼びます。

4. $L(w_0 + \Delta w)$ の値を計算して $L(w_0)$ より小さくなっていれば，これを
   繰り返し，さらに Δw 変位させて L を小さくします。図 3-1 のカーブ
   に沿って座標 $(w + \Delta w, L(w + \Delta w))$ は原点に向かって滑り落ちてい
   きます。

5. 原点に近いところでは，L の最小点（$w = 0$）を通り過ぎて，原点より
   左に変位することもありえます。その場合は，傾きはマイナスになる
   ので，さらに次の変位は，その位置から反対方向（グラフの右方向）
   に向かいます。そして，この移動を繰り返して損失関数が最も小さく
   なる点にたどり着きます。

これが勾配降下法です。まさに言葉通りのパラメーター最適化の方法です。

3.2　重みが２つある場合

　次に，重みが２つある場合を考えてみましょう。それぞれの重みを w と u
とします。ここでは一例として，損失関数が

$$L(w,u) = w^2 + u^2 \tag{3.3}$$

である場合を考えます。図3-2はこの関数を立体的に表したグラフです。

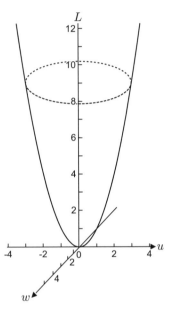

図3-2 $L(w,u) = w^2 + u^2$ **のグラフ**
点線は $9 = w^2 + u^2$ の等高線を表します。

水平方向に w 軸と u 軸が直交して存在し，垂直方向に損失関数の大きさを表す L 軸があります。w 軸と L 軸を含む w-L 平面上の $L(w,u)$ は，w-L 平面上では $u = 0$ なので

$$L(w,0) = w^2$$

という２次関数になります。u 軸と L 軸を含む u-L 平面上の $L(w,u)$ は，u-L 平面上では $w = 0$ なので

$$L(0,u) = u^2$$

という2次関数です。この2つの2次関数はともに原点で最小値のゼロをとります。

　L軸の正の側から原点の方向を見た（あるいは，図3-2ではL軸の上方から下方を見下ろした）グラフが図3-3です。この図の点線の円は，次式の

$$9 = w^2 + u^2$$

を満たす点を結んだ等高線です。

　(3.3)式の関数は，w-u平面の原点を最下部（底）に持つ「縦長のすり鉢」の形をしていて，図3-3の円はそのすり鉢を$L = 9$の高さに位置する「w-u平面と平行な水平面」で切った断面です。

　変数が2つある場合の勾配降下法も，すでに見た重みが1つの場合と同じで傾きを利用して変位を決めます。すなわち，ある座標$(w, u) = (w_0, u_0)$での損失関数Lの傾きを求め，それを$-k$倍して，変位$(\Delta w\ \ \Delta u)$とします。

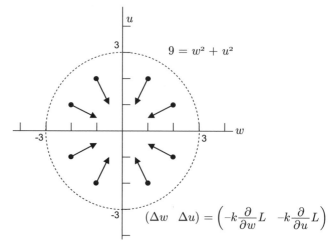

図3-3　L軸の真上からw-u平面を見下ろしたグラフ
点線の円は$9 = w^2 + u^2$の等高線を表しています。ベクトルは偏微分を使って求めた降下方向を示しています。

式で書くと次のようになります。

$$(\Delta w \quad \Delta u) = \left(-k\frac{\partial}{\partial w}L \quad -k\frac{\partial}{\partial u}L\right) \tag{3.4}$$

続いて，Δw と Δu ずれた座標 $(w_0+\Delta w, u_0+\Delta u)$ での L の傾きを求め，さらに次の変位を求めます。これを繰り返して，損失関数が最も小さくなる点を求めます。

(3.4) 式の右辺の微分は，変数が w と u の２つあるので，高校で習った常微分ではなく偏微分です。偏微分は高校数学には登場しませんが，その中身は簡単なので驚かないようにしましょう（補章もご参照ください）。w による偏微分では，他の変数 u を定数とみなして，w だけで微分します。また，u による偏微分では，他の変数 w を定数とみなして，u だけで微分します。それ以外は常微分と同じです。偏微分では微分記号として d ではなく ∂（ラウンドディーと読み，丸まったディーの意）を使います。

w と u それぞれで損失関数を偏微分すると，

$$\frac{\partial}{\partial w}L(w,u) = \frac{\partial}{\partial w}(w^2+u^2) = 2w$$
$$\frac{\partial}{\partial u}L(w,u) = \frac{\partial}{\partial u}(w^2+u^2) = 2u$$

となります。よって，(3.4) 式の変位 $(\Delta w \quad \Delta u)$ は，

$$(\Delta w \quad \Delta u) = \left(-k\frac{\partial}{\partial w}L \quad -k\frac{\partial}{\partial u}L\right) = (-2kw \quad -2ku)$$

となります。いくつかの点でこの式の右辺を求めてみましょう（ここでは学習率 $k=0.25$ とします）。すると，

座標 $(w,u)=(2,1)$ では，$\quad \left(-k\frac{\partial}{\partial w}L \quad -k\frac{\partial}{\partial u}L\right)=(-1 \quad -0.5)$

座標 $(w,u)=(1,2)$ では，$\quad \left(-k\frac{\partial}{\partial w}L \quad -k\frac{\partial}{\partial u}L\right)=(-0.5 \quad -1)$

座標 $(w,u)=(2,-1)$ では，$\quad \left(-k\frac{\partial}{\partial w}L \quad -k\frac{\partial}{\partial u}L\right)=(-1 \quad 0.5)$

座標 $(w,u)=(1,-2)$ では，$\quad \left(-k\frac{\partial}{\partial w}L \quad -k\frac{\partial}{\partial u}L\right)=(-0.5 \quad 1)$

などとなります。これらを図3-3の各点にベクトルとして表しています。こ
れらのベクトルは各点からの勾配降下の方向を表しています。「すり鉢」の
勾配は，すり鉢の底の中心（$w=u=0$の原点）に向かっていますが，(3.4)
式の偏微分によって求めたベクトルの方向はこれと一致しています。

　ここでは，重みが2つの場合の勾配降下の概念を，w軸とu軸とL軸の3
つの軸を持つ3次元のグラフで理解しました。実際の画像認識のニューラル
ネットワークでは，重みに加えてバイアスの変位も求める必要があります。
また，重みのパラメーターも2つだけではなく，数千個以上もある場合があ
ります。その場合に，図3-2と同様のグラフを描こうとすると，数千個の軸
を持つ数千次元のグラフになり，描画は簡単ではありません。ただし，数千
次元になったとしても，勾配降下法においては，それらのパラメーターもす
べて微分して$-k$をかけることによって，次の変位を(3.4)式と同様に決め
ることは同じです。

3.3　シグモイド関数への変更

　勾配降下法では，すべてのパラメーターの変位を求めるために(3.2)式や
(3.4)式と同様に損失関数Lを微分します。この損失関数の微分では，この
後で紹介するように活性化関数の微分も必要になります。ところが，前章で
活性化関数として用いたヘビサイドの階段関数には不都合があります。とい
うのは，ヘビサイドの階段関数は図1-2からわかるように$y=0$で関数の値
が突然変わるので$y=0$では微分できません（ちなみに，物理学でよく使わ
れる階段関数は，「ヘビサイドの階段関数」とは異なり，$y=0$近傍で微分す
るとデルタ関数と呼ばれる特殊な関数になります）。また，$y=0$以外の領域
では傾きがゼロなので，微分もゼロになります。微分がゼロだと，この後で
紹介する誤差逆伝播法が使えません。というわけで，ヘビサイドの階段関数
に置き換わって使われるようになったのが，**シグモイド関数**です。

　シグモイド関数$S(y)$は次式のように

$$S(y) \equiv \frac{1}{1+e^{-y}} \tag{3.5}$$

分母に指数関数を持っていて、グラフにすると図3-4のように、ヘビサイドの階段関数に似ています。$y=0$ の場合にシグモイド関数の値は0.5になり、y が正の大きな値を取る場合には1に近づき、y が負の小さな値を取る場合には0に近づきます。そして、$y=0$ 付近でも途切れることなくなめらかに変化しているので微分が可能です。ただし、シグモイド関数の値は0か1かだけではなく、両者の間の小数もとります。したがって、第1章で述べた「**All or None**」の神経細胞の発火の性質からは、少し遠ざかることになります。

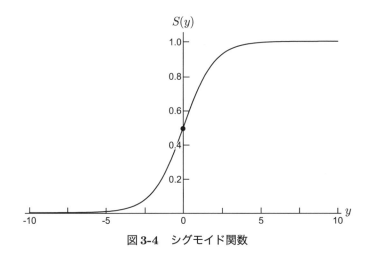

図3-4　シグモイド関数

　シグモイド関数は英語では sigmoid と書きます。sigmoid は、sigma（シグマ）と oid（オイド）の2つに分解でき、oid は「……のようなもの」を意味します。たとえば人を表す human に oid をくっつけた humanoid（ヒューマノイド）は「人のようなもの」を意味しています。同様に、sigmoid 関数と

は，「シグマのような関数」を意味します。ギリシア文字のシグマには Σ, σ, ς の3つの形があり，3つ目の ς は文末で使われ，英語では final sigma（ファイナルシグマ）と呼ばれます。このファイナルシグマがアルファベットの s の原形です。シグモイド関数は，図3-5のように，ファイナルシグマを横に寝かせた形に似ています。なのでシグモイド関数と呼ばれています（**ロジスティック関数**とも呼ばれます）。

　このシグモイド関数の微分も見ておきましょう。シグモイド関数の分母を

$$q \equiv 1 + e^{-y}$$

と定義して合成関数の微分公式（高校数学で習いましたが次節でも説明します）を使うと

$$
\begin{aligned}
\frac{d}{dy}S(y) &= \frac{d}{dy}\frac{1}{1+e^{-y}} = \frac{dq}{dy}\frac{d}{dq}\frac{1}{q} \\
&= \frac{d}{dy}(1+e^{-y})\frac{d}{dq}\frac{1}{q} = (-e^{-y})\left(-\frac{1}{q^2}\right) \\
&= \frac{e^{-y}}{(1+e^{-y})^2} = \frac{1}{1+e^{-y}}\left(1-\frac{1}{1+e^{-y}}\right) \\
&= S(y)\{1-S(y)\}
\end{aligned}
\tag{3.6}
$$

となります（微分の細部は補章をご覧ください）。(3.6) 式の右辺は，

$$シグモイド \times (1 - シグモイド)$$

というとても簡単な形をしています。$y=0$ で微分の値は最大になりますが，(3.6) 式の右辺に $S(0)=0.5$ を代入すればわかるように 0.25 という比較的小さな値です。第7章では，形はシグモイド関数に似ていますが，傾きはもっと大きい tanh（ハイパボリックタンジェント）関数を紹介します。

3.4　合成関数の微分公式と連鎖律

　次に高校数学で習った合成関数の微分公式を見ておきましょう。合成関数というのは，変数が g である関数 $f(g)$ があり，その変数 g がさらに別の変

数 x の関数として $g(x)$ と書ける関数です。文章で書くとこのように少しわかりづらいのですが，式で表すと

$$f(x) = f(g) = f(g(x))$$

となる関数です。関数 $f(x)$ は，関数 $f(g)$ と関数 $g(x)$ を合成してできあがっているので**合成関数**と呼ばれます。

関数 $f(g)$ と $g(x)$ が微分可能であるとき，変数 x による関数 $f(x)$ の微分が

$$\frac{df}{dx} = \frac{d}{dx}f(g(x)) = \frac{d}{dx}g(x) \times \frac{d}{dg}f(g) = \frac{dg}{dx} \cdot \frac{df}{dg} \tag{3.7}$$

となるというのが**合成関数の微分公式**です。この式を見ると，最左辺の $\frac{df}{dx}$ を，最右辺では dg を使って（あたかも分数の計算のようにして）2つの微分の掛け算に分解しているように見えます。あるいは右辺では dg が鎖のように2つの微分をつなげているようにも見えます。そこで，これを**微分の連鎖律**とも呼んでいます。

この微分公式を求めるのは難しくはありません。まず，(3.7) 式の左辺を微分の定義式で表してみましょう（微分の定義式は補章で解説していて (S.3) 式です）。すると

$$\frac{d}{dx}f(g(x)) = \lim_{\Delta x \to 0}\frac{f(g(x+\Delta x)) - f(g(x))}{\Delta x} \tag{3.8}$$

となります。このとき関数 $g(x)$ の位置 $x+\Delta x$ での値は $g(x+\Delta x)$ であり，関数 $g(x)$ の位置 x での値は $g(x)$ です。$g(x+\Delta x)$ と $g(x)$ の値の差を次式のように Δg と定義します。

$$\Delta g \equiv g(x+\Delta x) - g(x) \tag{3.9}$$

この式を変形すると

$$g(x+\Delta x) = g(x) + \Delta g$$

となるので，先ほどの (3.8) 式の右辺の分子の第1項のカッコの中に代入すると

$$\frac{d}{dx}f(g(x)) = \lim_{\Delta x \to 0} \frac{f(g(x) + \Delta g) - f(g(x))}{\Delta x}$$

となります。これに $\Delta g/\Delta g = 1$ をかけても値は変わらないので

$$= \lim_{\Delta x \to 0} \left\{ \frac{\Delta g}{\Delta g} \times \frac{f(g(x) + \Delta g) - f(g(x))}{\Delta x} \right\}$$

となり，分母の Δx と Δg を交換すると

$$= \lim_{\Delta x \to 0} \left\{ \frac{\Delta g}{\Delta x} \times \frac{f(g + \Delta g) - f(g)}{\Delta g} \right\}$$

となります。さらに，分子の Δg に (3.9) 式を代入すると

$$= \lim_{\Delta x \to 0} \left\{ \frac{g(x + \Delta x) - g(x)}{\Delta x} \times \frac{f(g + \Delta g) - f(g)}{\Delta g} \right\}$$

となります。(3.9) 式で $\Delta x \to 0$ の場合には $\Delta g \to 0$ となることがわかります。よって，前式は

$$= \lim_{\Delta x \to 0} \frac{g(x + \Delta x) - g(x)}{\Delta x} \times \lim_{\Delta g \to 0} \frac{f(g + \Delta g) - f(g)}{\Delta g}$$

となります。これに微分の定義式（補章の (S.3) 式）を使うと

$$= \frac{d}{dx}g(x)\frac{d}{dg}f(g)$$

となります。これで合成関数の微分公式が証明できました。この式の (x) と (g) を省略して書くと (3.7) 式の最右辺になります。

3.5　勾配降下法を用いた 2 画素の画像認識

　前章で 2 画素の白黒画像のニューラルネットワークを考えましたが，本章では勾配降下法をプログラムしてパラメーターを求めてみましょう。活性化関数は階段関数ではなくシグモイド関数に代えます。すると，必要な数式は以下のようになります。

　まず，4 つのニューロンの活性は，前章の (2.1)〜(2.4) 式と同じ

$$y_1 = w_{11}x_1 + w_{21}x_2 + b_1 \tag{2.1}$$

$$y_2 = w_{12}x_1 + w_{22}x_2 + b_2 \qquad (2.2)$$

$$y_3 = w_{13}x_1 + w_{23}x_2 + b_3 \qquad (2.3)$$

$$y_4 = w_{14}x_1 + w_{24}x_2 + b_4 \qquad (2.4)$$

です。活性化関数としてシグモイド関数

$$z_j = S(y_j) \equiv \frac{1}{1+e^{-y_j}} \qquad (j = 1, 2, 3, 4) \qquad (3.10)$$

が発火の有無を決めます。出力層の各ニューロンの損失関数としては，次の平均２乗誤差を使うことにします。

$$L_j = \frac{1}{4} \sum_{x_2=0}^{1} \sum_{x_1=0}^{1} \{z_j(x_1, x_2) - r_j(x_1, x_2)\}^2 \, (j = 1, 2, 3, 4) \qquad (3.11)$$

ここで，$r_j(x_1, x_2)$ は，図2-1の各画像（計4種類）の場合（$x_1 = 0$ で $x_2 = 0$ の場合など）の正解（0 または 1）を表しています。

　ニューロン O_1 の出力を勾配降下法によって最適化してみましょう。ニューロン O_1 に対応する (2.1) 式から，最適化すべきパラメーターは，w_{11}, w_{21}, b_1 の３つであることがわかります。したがって，勾配降下法では，(3.2) 式に対応する次の３つの変位を求める必要があります。

$$\Delta w_{11} = -k\frac{\partial}{\partial w_{11}}L_1 \qquad (3.12)$$

$$\Delta w_{21} = -k\frac{\partial}{\partial w_{21}}L_1 \qquad (3.13)$$

$$\Delta b_1 = -k\frac{\partial}{\partial b_1}L_1 \qquad (3.14)$$

このうち，(3.12) 式の右辺の $\frac{\partial}{\partial w_{11}}L_1$ は，合成関数の微分の公式を２回使うと

$$\begin{aligned}
\frac{\partial}{\partial w_{11}}L_1 &= \frac{\partial y_1}{\partial w_{11}}\frac{\partial}{\partial y_1}L_1 \\
&= \frac{\partial y_1}{\partial w_{11}}\frac{\partial z_1}{\partial y_1}\frac{\partial L_1}{\partial z_1}
\end{aligned} \qquad (3.15)$$

となります。合成関数の微分公式の (3.7) 式との対応では，1 行目の右辺で
は x が w_{11} に，g が y_1 に，そして関数 f が L_1 に対応します。2 行目も同様
に合成関数の微分公式を使います。続いて，この右辺のそれぞれの偏微分を
求めてみましょう。

2 行目の右辺の最初の偏微分は，(2.1) 式を使って

$$\frac{\partial y_1}{\partial w_{11}} = \frac{\partial}{\partial w_{11}}(w_{11}x_1 + w_{21}x_2 + b_1) = x_1$$

です。次に，偏微分 $\dfrac{\partial z_1}{\partial y_1}$ は，すでに求めたシグモイド関数の微分なので (3.6)
式より

$$\frac{\partial z_1}{\partial y_1} = \frac{\partial}{\partial y}S(y_1) = S(y_1)\{1 - S(y_1)\}$$

となります。そして，右辺の 3 つ目の偏微分は損失関数 (3.11) 式を使って

$$\begin{aligned}
\frac{\partial L_1}{\partial z_1} &= \frac{1}{4}\sum_{x_2=0}^{1}\sum_{x_1=0}^{1}\frac{\partial}{\partial z_1}\{z_1(x_1, x_2) - r_1(x_1, x_2)\}^2 \\
&= \frac{1}{4}\sum_{x_2=0}^{1}\sum_{x_1=0}^{1}2\{z_1(x_1, x_2) - r_1(x_1, x_2)\} \\
&= \frac{1}{2}\sum_{x_2=0}^{1}\sum_{x_1=0}^{1}\{z_1(x_1, x_2) - r_1(x_1, x_2)\}
\end{aligned}$$

となります。ここでも合成関数の微分公式を使いました。

よって，(3.15) 式の 2 行目の右辺にこの 3 つの偏微分を代入すると

$$\begin{aligned}
\frac{\partial}{\partial w_{11}}L_1 &= \frac{\partial y_1}{\partial w_{11}}\frac{\partial z_1}{\partial y_1}\frac{\partial L_1}{\partial z_1} \\
&= \frac{1}{2}\sum_{x_2=0}^{1}\sum_{x_1=0}^{1}(z_1 - r_1)S(y_1)\{1 - S(y_1)\}x_1 \\
&= \frac{1}{2}\sum_{x_2=0}^{1}\sum_{x_1=0}^{1}\{S(y_1) - r_1\}S(y_1)\{1 - S(y_1)\}x_1
\end{aligned} \tag{3.16}$$

が得られます。なお，(x_1, x_2) の表記は省略しています。

同様に計算して (3.13) 式と (3.14) 式の右辺の偏微分を求めると

$$\frac{\partial}{\partial w_{21}} L_1 = \frac{\partial y_1}{\partial w_{21}} \frac{\partial z_1}{\partial y_1} \frac{\partial L}{\partial z_1}$$

$$= \frac{1}{2} \sum_{x_2=0}^{1} \sum_{x_1=0}^{1} \{S(y_1) - r_1\} S(y_1) \{1 - S(y_1)\} x_2 \qquad (3.17)$$

と

$$\frac{\partial}{\partial b_1} L_1 = \frac{\partial y_1}{\partial b_1} \frac{\partial z_1}{\partial y_1} \frac{\partial L}{\partial z_1}$$

$$= \frac{1}{2} \sum_{x_2=0}^{1} \sum_{x_1=0}^{1} \{S(y_1) - r_1\} S(y_1) \{1 - S(y_1)\} \qquad (3.18)$$

が得られます。あとは，これらを $-k$ 倍すれば，変位になります。

3.6 勾配降下法のプログラム

このニューロン O_1 の損失関数 L_1 についての勾配降下法のプログラムの
アルゴリズムは次のようになります。

1. 初期値として $(w_{11} \ w_{21} \ b_1) = (2 \ 2 \ 2)$ で損失関数を計算し，
2. 次に勾配降下法に従って，初期値から変位した

$$\left(2 - k \frac{\partial L_1}{\partial w_{11}} \quad 2 - k \frac{\partial L_1}{\partial w_{21}} \quad 2 - k \frac{\partial L_1}{\partial b_1} \right)$$

   での損失値を計算し，
3. これを繰り返すことによって損失値が 0 に近づいたところで，計算を
   止めて得られたパラメーターの値を答えとします。

この場合，計算を終える条件としては，「損失値 $L_1 = 0$」を条件とはしな
いで，ある一定の値 C より小さくなる「損失値 $L_1 < C$」を条件にします。
コンピューターを使った数値計算では，「何かの値が厳密にゼロになること」
を計算を終える条件にすると，計算時間が極めて長くなったり，条件を満た

さなかったりするので，必要とされる一定の精度が達成されたら計算を打ち
切るのが賢明です。

　プログラム 3-1〜3-3 が勾配降下法のプログラム例です。これらは 1 つの
連続したプログラムです。3 つに分割しているのは，説明のためです。

　活性化関数にシグモイド関数を使いますが，シグモイド関数の分母には，
指数関数が使われています。Google Colaboratory で指数関数を計算する
ためには，指数関数などの数学の関数のライブラリを呼び出す必要がありま
す。その命令が冒頭のプログラム 3-1 の

```
import math
```

です。math が数学の関数のライブラリで，import が，ライブラリを呼び
出す命令です。指数関数 (exponential : エクスポーネンシャル) は，次の
命令

```
math.exp()
```

で計算できます。プログラム 3-1 では，続いて，損失関数 L の初期値や，重
みとバイアスの初期値を代入します。パラメーター w_{11} や w_{12}, w_{13}, w_{14} に
対応するプログラム中の変数を w1 とし，同様に w_{21} 等に対応する変数を w2
とし，バイアスに対応する変数を b とします。

```
-------プログラム 3-1-----------------------------------
import math # 指数関数 math.exp( )を使うために,math ライブラリを呼び出す。
i=1 # while ループの回数
L=100 # 損失関数L の初期値。初期値は大きな値にする。
w1=2; w2=2; b=2　# w1,w2,b の初期値
--------------------------------------------------
```

　そして，プログラム 3-2 では，正解のセットを入れます。正解のセットは，
4 つのニューロンに対応してパラメーターが，w_{11}, w_{21}, b_1（プログラム中の
コメント文では w11，w21，b1）の場合や，w_{12}, w_{22}, b_2（プログラム中の
コメント文では w12，w22，b2）の場合などで異なるので，どれか 1 つの

セットを選び，それ以外のセットの左端にはコメント記号を入れてコメント文にしておきます。

```
-------プログラム 3-2-----------------------------
r1=1; r2=0; r3=0; r4=0   # パラメーターw11, w21, b1 の場合の正解のセッ
ト。これ以外の場合は左端に#をつける。
# r1=0; r2=1; r3=0; r4=0   # w12, w22, b2 の場合の正解のセット。これを使
う場合は左端の#をとる。
# r1=0; r2=0; r3=1; r4=0   # w13, w23, b3 の場合の正解のセット。これを使
う場合は左端の#をとる。
# r1=0; r2=0; r3=0; r4=1   # w14, w24, b4 の場合の正解のセット。これを使
う場合は左端の#をとる。
------------------------------------------
```

　プログラム 3-3 は計算を繰り返すメインのルーチンです。(3.11) 式の損失値 L が，ある一定の値より大きい場合は，次の while ループを使って，

```
while L >0.01:
```

計算を繰り返します（プログラムでは係数 1/2 は省略）。while ループは，if 命令のように条件判断を行う命令で，その右側に書かれている条件式（ここでは，損失値 L> 0.01）が成り立っている場合は，while 命令の次の行以降の命令（かつ，while 命令より右側のインデントの文）を繰り返して実行します。この繰り返しによって L は小さくなっていき，条件式を満たさなくなると（この場合は L が 0.01 以下になると），ループが止まります。

```
-------プログラム 3-3-----------------------------
while L >0.01: # whileループ　条件式を満たす場合は計算を繰り返す

    x1 = 0; x2 = 0  # (x1 x2)=(0 0)の場合
    y = w1*x1 + w2*x2 + b #(2.1)式
    s = 1/(1+math.exp(-y))   # シグモイド関数
    dw1 = (s-r1)*s*(1-s)*x1 # (3.16)式のシグマの中の項
    dw2 = (s-r1)*s*(1-s)*x2 # (3.17)式のシグマの中の項
    db = (s-r1)*s*(1-s) # (3.18)式のシグマの中の項
    s00=s; dw1_00=dw1; dw2_00=dw2; db_00=db
```

```
x1 = 0; x2 = 1    # (x1 x2)=(0 1) の場合
y = w1*x1 + w2*x2 + b #(2.1)式
s = 1/(1+math.exp(-y))  # シグモイド関数
dw1 = (s-r2)*s*(1-s)*x1  # (3.16)式のシグマの中の項
dw2 = (s-r2)*s*(1-s)*x2  # (3.17)式のシグマの中の項
db = (s-r2)*s*(1-s) #    (3.18)式のシグマの中の項
s01 =s; dw1_01=dw1; dw2_01=dw2; db_01=db

x1 = 1; x2 = 0    # (x1 x2)=(1 0) の場合
y = w1*x1 + w2*x2 + b #(2.1)式
s = 1/(1+math.exp(-y))  # シグモイド関数
dw1 = (s-r3)*s*(1-s)*x1  # (3.16)式のシグマの中の項
dw2 = (s-r3)*s*(1-s)*x2  # (3.17)式のシグマの中の項
db = (s-r3)*s*(1-s) # (3.18)式のシグマの中の項
s10=s; dw1_10=dw1; dw2_10=dw2; db_10=db

x1 = 1; x2 = 1    # (x1 x2)=(1 1) の場合
y = w1*x1 + w2*x2 + b # (2.1)式
s = 1/(1+math.exp(-y))  # シグモイド関数
dw1 = (s-r4)*s*(1-s)*x1   # (3.16)式のシグマの中の項
dw2 = (s-r4)*s*(1-s)*x2   # (3.17)式のシグマの中の項
db = (s-r4)*s*(1-s) # (3.18)式のシグマの中の項
s11=s; dw1_11=dw1; dw2_11=dw2; db_11=db

L =(s00-r1)**2+(s01-r2)**2+(s10-r3)**2+(s11-r4)**2   # 損失関数
dw1_all = dw1_00+dw1_01+dw1_10+dw1_11 # (3.16)式 係数1/2は省略
dw2_all = dw2_00+dw2_01+dw2_10+dw2_11 # (3.17)式 係数1/2は省略
db_all = db_00+db_01+db_10+db_11 # (3.18)式 係数1/2は省略

k = 10 # 学習率 k
w1 =w1-k*dw1_all # (w1-変位)を次の重みw1に設定
w2 =w2-k*dw2_all # (w2-変位)を次の重みw2に設定
b =b-k*db_all   # (b-変位)を次のバイアスbに設定
i=i+1 # while ループの回数を1増やす

# 以下の print 命令で,結果を表示
print('No.', i, ' (w1 w2 b) = (', w1, w2, b, ') ')
print('(s00 s01 s10 s11) = (', s00, s01, s10, s11, ')')
print('L = ', L )
```

```
    print('')
------------------------------------------------
```

　while命令の中では，活性 y とシグモイド関数の計算を行い，その計算結果を画面上にプリントします。似たようなプログラムのセットが4つあるのは，それぞれが，$(x_1 \ x_2) = (0 \ 0)$ の場合（プログラム中では (x1 x2) = (0 0) と記述）や $(x_1 \ x_2) = (1 \ 0)$ の場合などに対応しているからです。この計算は L が 0.01 より大きい場合に繰り返され，L が 0.01 以下になると止まりますが，学習率 k の値を変えると，結果が得られるまでの計算回数が変わります。

　学習率 k=10 の場合の計算結果を図3-5に示します。先頭の No.61 や No.62 が計算のループの回数です。そしてその下の (w1 w2 b) がパラメーターの値で，その次の行が出力ベクトル (s00 s01 s10 s11) の値（活性化関数はシグモイド関数）です。このように，62回の計算で収束します。k=100 にすると収束せず計算が止まらなくなります。計算中は，画面上の「右向きの三角」が四角に変わりますが，そこを少し長くクリックすると強制的に終了できます。また，while命令の L の条件式の値を 0.01 から 0.001 に小さくすると，より正確な計算結果が得られますが，繰り返しの計算回数も大きく増えます。このあたりは，初期値などをいろいろと変えて計算結果を見てみると面白いと思います。

　図3-5は，(w1 w2 b) が $(w_{11} \ w_{21} \ b_1)$ である場合の計算結果です。したがって，表2-1の z_1 の縦の列の対応が成り立つ必要があり，

$$(s00 \ s01 \ s10 \ s11) = (1 \ 0 \ 0 \ 0)$$

が成り立つことが期待されます。計算結果を小数点以下4桁まで拾うと

$$(s00 \ s01 \ s10 \ s11) = (0.9252 \ 0.0464 \ 0.0464 \ 0.0001)$$

となっていて，ほぼ正しいワンホットベクトルが得られていることがわかります。なお，シグモイド関数の値が1になることはないので，成分の1つ

```
No. 61
(w1 w2 b) = ( -5.537403936598491 -5.537403936598491 2.515801325775275 )
(s00 s01 s10 s11)
 =( 0.9244951453677583 0.04691460467140328
    0.046914604671403286 0.00019785033949253875 )
L =  0.010102982480740891

No. 62
(w1 w2 b) = ( -5.557986270076828 -5.557986270076828 2.5263463631921605 )
(s00 s01 s10 s11)
 =( 0.9252421543035496 0.046459425710284365
    0.046459425710284365 0.00019177296898644137 )
L =  0.009905728744704783
```

図 3-5 勾配降下法による計算結果 （画像提供：Google）
No は計算回数。各計算結果の 1 行目は重み $w1$, $w2$ とバイアス b。2 行目
は出力ベクトル。最終行は損失値 L。

が厳密に 1 になるワンホットベクトルが結果として得られることはありま
せん。

3.7 極小と最小

　勾配降下法は，パラメーターの最適化のために極めて有効な手段ですが，
弱点もあります。図 3-6 は，その弱点を模式的に示したグラフで，縦軸に損
失関数 L をとり，横軸に重み w をとっています。グラフの形は未知である
としましょう。このとき，点 A の w を初期値として勾配降下法を実行した
とすると，重みの変位はマイナス方向に動き，やがて，点 B に到達し，この
点 B でプログラムは止まってしまうことがあります。しかし，この点 B は，
図 3-6 では，極小の点ではありますが，最小の点ではありません。極小は高
校の数学で習った概念で，傾きがゼロになる点のことです。このグラフでは
点 C も極小の点です。しかも，点 C は最小の点でもあります。このように
勾配降下法の弱点は，極小値にはたどり着けても，最小値にたどり着けると
は限らないということにあります。この問題に対処するには，プログラムに

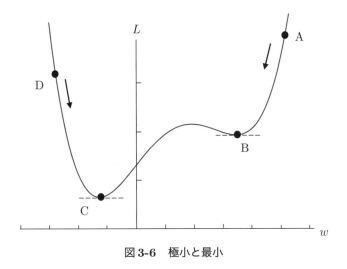

図 3-6　極小と最小

　工夫が必要で，w の初期値を点 A からスタートさせるのではなく，グラフの
左端の点 D から始めてみるなどの試みが必要になります。
　なお点 B のような極小点を，**ローカルミニマム**（局所的最小）と呼び，点
C のような最小点を，**グローバルミニマム**（大域的最小）と呼びます。

　本章では勾配降下法を理解し、勾配降下法のプログラムを走らせてパラ
メーターを求めました。while ループによってパラメーターがだんだんと
正解に近づいていくのを見るのはおもしろい体験です。ここでは，入力層と
出力層しかないニューラルネットワークを考えましたが，隠れ層がある場合
にはどのようにしてパラメーターを求めればよいのでしょうか。隠れ層のパ
ラメーターを求める際にも勾配降下法を利用できるのでしょうか。その答え
を次章で見ていきましょう。

Column　クラス，インスタンス，そしてラッパー

　ディープラーニングについて学び始めると，理工系の技術職に就いている方でも，専門用語に戸惑うことがあるでしょう。たとえば，クラスとか，インスタンスとか，ラッパーとかです。

　第2章で**Python**のクラスを「少し高度なサブルーチン」と表現しましたが，「処理の手順を示す設計図」ととらえることもあります。インスタンスは日本語では「実体」と訳すと，ほぼ意味が通じるようです。インスタンス化と書かれていれば，「実体化」だと思えばおおよそは良いようです。「クラスをインスタンス化する」と言った場合は，クラス（設計図）に従って，メソッド（文法的には関数と同じ）のプログラムを書いてサブルーチンを作り，それを実行することを意味します。**Web**上にあるクラスの解説をいくつも見て行くと，クラスが何であるかの解釈には幅があるようにも思えます。筆者は，クラスを難しく考えないで「共通の属性（多くの場合これがクラス名になります）を持つメソッド（関数）を束にしたサブルーチン」だと思っています。

```
-------クラスの構成-----------
class クラス名:
    def メソッドa (self, 引数):
        処理
    def メソッドb (self, 引数):
        処理
    def メソッドc (self, 引数):
        処理
```

ラッパーについては，ラップを口ずさむ人たちを思い浮かべがちですが，英語の綴りは少し違います。口ずさむ人は**rapper**で，ディープラーニングでのラッパーは**wrapper**です。英語の wrap は「包む」という意味で，身近なところで様々な食品用ラップなどが思い浮かびます。

　ディープラーニングの分野では，「Keras は TensorFlow のラッパーである」などと言い，さらにくわしくは「Keras は TensorFlow のラッパーライブラリである」などと言います。Keras はソフトウェアのライブラリですが，実は TensorFlow とは独立に開発されました。したがって，もともとの Keras はそのままでは TensorFlow からは使えません。そこで，Keras を TensorFlow というプラットフォームで使うには，両者を媒介するプログラムを作り稼働させる必要があります。TensorFlow の使用者から Keras をみると，その媒介プログラムが Keras を包み込むように働き，もともとは別のシステムである Keras を自由自在に使えることになります。というわけで，本来は別のシステムであったライブラリを TensorFlow などで使えるように改造したものをラッパーライブラリと呼んでいます。

Chapter 4

誤差逆伝播法
──隠れ層のパラメーターの最適化とは──

4.1　隠れ層のパラメーターをどのように決めるのか？

　前章では，入力層（ニューロン 2 つ）と出力層（ニューロン 4 つ）からなる簡単なニューラルネットワークを使って「勾配降下法によるパラメーターの求め方」を理解しました。次に，隠れ層（中間層）を持つニューラルネットワークにおいて，どのように適切なパラメーターを求めればよいかを考えてみましょう。隠れ層のパラメーターを最適化するには，この隠れ層での誤差を求める必要があります。誤差がわかれば，誤差を小さくするように適切なパラメーターを選べます。しかし，どうやって隠れ層の誤差を求めればよいのでしょうか。この難問を克服するために提案されたのが**誤差逆伝播法**です。この言葉に「てにをは」を加えると「誤差を逆方向に伝える方法」になりますが，この言葉の通りに，

まず，出力層の誤差を求め，

↓

次に，出力層の誤差を使って隠れ層の誤差を求める

という方法です。隠れ層が複数ある場合には，出力層に近い隠れ層の誤差が，出力層から遠い隠れ層に伝わります。誤差が出力層から隠れ層に逆方向に伝わるというイメージは，すぐにはピンとこないと思いますが，このおもしろそうでとても重要な手法を早速見てみましょう。

　ここでは，理解を容易にするために，図 4-1 の極めて簡単なネットワークを例にとることにしましょう。機能はこれまでよりさらに簡単な「画素数 1 の白黒画像の画像認識」です（図 4-2）。そんな超簡単なニューラルネットワークに意味はあるの？　と聞きたくなると思います。これはあくまでもこれから紹介する誤差逆伝播法の数学的な構造を理解しやすくするために極限的に簡単化した学習用モデルだとお考え下さい。このあとご覧いただけばわかりますが，こんな簡単なモデルでも計算の項はたくさん出てきます。

　図 4-1 のニューラルネットワークでは，入力層のニューロンは 1 つで，1 画

素の画素値を受信し，その信号（$x=0$または1）を隠れ層の１つのニューロンにそのまま（恒等的に）伝えます。隠れ層のニューロンが２つ以上ある場合は，入力層のニューロンには信号を分配する役目がありました。しかし，このモデルでは隠れ層のニューロンは１つなので，この入力層のニューロンを省くことも可能です。隠れ層のニューロンは，前章の出力層のニューロンと同じく，重みwとバイアスbが関わり，シグモイド関数によって発火し，その出力を出力層の２つのニューロンに伝えます。出力層の２つのニューロンの働きはこれまでの出力層と同じで出力 $(o_1\ o_2)$ はワンホットベクトルです。

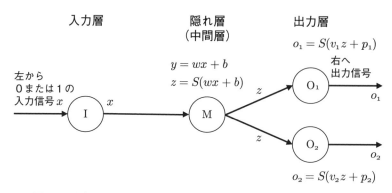

図 4-1　隠れ層を持つ極限的に簡単化したニューラルネットワーク

入力層のニューロンを表す記号を I とし，隠れ層のニューロンを表す記号を M とし，出力層のニューロンを表す記号を O とします。ニューロン I の出力をxとします。この場合，隠れ層のニューロン M の出力zはこれまでと同様に

$$y = wx + b \tag{4.1}$$

$$z = S(y) = S(wx + b) \tag{4.2}$$

であるとします。ここで，wは重みでbはバイアスです。また，出力層の

わずか1画素の画像を考えます。

この画素は，黒（信号は0）と白（信号は1）の2色あるとします。

図4-2　1画素の画像

ニューロン O_1 と O_2 の重みとバイアスの記号には次式のように v_1, v_2 と p_1, p_2 を使い，それぞれの活性 q_1 と q_2 を求めます。

$$q_1 = v_1 z + p_1 \tag{4.3}$$

$$q_2 = v_2 z + p_2 \tag{4.4}$$

出力層のニューロンからの出力 o_1, o_2 は，シグモイド関数を活性化関数に用いた

$$o_1 = S(q_1) = S(v_1 z + p_1) \tag{4.5}$$

$$o_2 = S(q_2) = S(v_2 z + p_2) \tag{4.6}$$

とします。そして，損失関数 L に平均2乗誤差を使うと

$$L = \frac{1}{2} \sum_{x=0}^{1} [\{o_1(x) - r_1(x)\}^2 + \{o_2(x) - r_2(x)\}^2] \tag{4.7}$$

となります。ここでは $r_1(x)$ はニューロン O_1 の出力の正解で，$r_2(x)$ はニューロン O_2 の出力の正解です。

　さて，隠れ層と出力層のパラメーターを決めるために勾配降下法を使いましょう。前章で見たように，勾配降下法では損失関数 L を小さくするためにそれぞれのパラメーターの変位を求める必要があります。隠れ層のパラメーターの変位は (3.2) 式にならって

$$\Delta w = -k \frac{\partial}{\partial w} L \tag{4.8}$$

$$\Delta b = -k \frac{\partial}{\partial b} L \tag{4.9}$$

です（学習率 k は小さな定数）。そして，これらの変位を求めるためには，右辺の $\frac{\partial L}{\partial w}$ と $\frac{\partial L}{\partial b}$ を求める必要があります。そこで，合成関数の微分公式を使うと，これらの微分は

$$\frac{\partial}{\partial w} L = \frac{\partial y}{\partial w} \frac{\partial L}{\partial y} = \frac{\partial}{\partial w}(wx+b)\frac{\partial L}{\partial y} = x\frac{\partial L}{\partial y} \tag{4.10}$$

$$\frac{\partial}{\partial b} L = \frac{\partial y}{\partial b} \frac{\partial L}{\partial y} = \frac{\partial}{\partial b}(wx+b)\frac{\partial L}{\partial y} = \frac{\partial L}{\partial y} \tag{4.11}$$

となります（(4.10) 式の途中の $\frac{\partial y}{\partial w}$ は (4.1) 式を w で偏微分して x になります。(4.11) 式の $\frac{\partial y}{\partial b}$ も同様です）。ここで，損失関数の微分 $\frac{dL}{dy}$ を隠れ層のニューロンの**誤差**と名付け，

$$e_m \equiv \frac{\partial L}{\partial y} \tag{4.12}$$

で定義します。添え字の m は，隠れ層を意味します。そうすると (4.8) 式と (4.9) 式の変位の右辺に (4.10) 式と (4.11) 式の微分を代入して (4.12) 式の隠れ層の誤差を使うと

$$\Delta w = -k\frac{\partial}{\partial w}L = -k\frac{\partial L}{\partial y}x = -ke_m x \tag{4.13}$$

$$\Delta b = -k\frac{\partial}{\partial b}L = -k\frac{\partial L}{\partial y} = -ke_m \tag{4.14}$$

となります。最右辺を見ると，隠れ層の誤差 e_m によって簡潔な項になっていることがわかります。これで隠れ層の変位を表す式は求まりました。

次に，勾配降下法で出力層のパラメーターを求めましょう。出力層では，(3.2) 式にならって次の変位を求める必要があります。

$$\Delta v_1 = -k\frac{\partial}{\partial v_1}L \tag{4.15}$$

$$\Delta p_1 = -k\frac{\partial}{\partial p_1}L \tag{4.16}$$

$$\Delta v_2 = -k \frac{\partial}{\partial v_2} L \qquad (4.17)$$

$$\Delta p_2 = -k \frac{\partial}{\partial p_2} L \qquad (4.18)$$

これらの変位を求めるには，右辺の微分 $\dfrac{\partial L}{\partial v_1}$ 等を求める必要があります。こ
れらの微分は，合成関数の微分公式を使って

$$\frac{\partial}{\partial v_1} L = \frac{\partial q_1}{\partial v_1} \frac{\partial L}{\partial q_1} = \frac{\partial}{\partial v_1} (v_1 z + p_1) \frac{\partial L}{\partial q_1} = z \frac{\partial L}{\partial q_1} \qquad (4.19)$$

$$\frac{\partial}{\partial p_1} L = \frac{\partial q_1}{\partial p_1} \frac{\partial L}{\partial q_1} = \frac{\partial}{\partial p_1} (v_1 z + p_1) \frac{\partial L}{\partial q_1} = \frac{\partial L}{\partial q_1} \qquad (4.20)$$

$$\frac{\partial}{\partial v_2} L = \frac{\partial q_2}{\partial v_2} \frac{\partial L}{\partial q_2} = \frac{\partial}{\partial v_2} (v_2 z + p_2) \frac{\partial L}{\partial q_2} = z \frac{\partial L}{\partial q_2} \qquad (4.21)$$

$$\frac{\partial}{\partial p_2} L = \frac{\partial q_2}{\partial p_2} \frac{\partial L}{\partial q_2} = \frac{\partial}{\partial p_2} (v_2 z + p_2) \frac{\partial L}{\partial q_2} = \frac{\partial L}{\partial q_2} \qquad (4.22)$$

と表されます。出力層のニューロン O_1 と O_2 の誤差 e_{o1} と e_{o2} を，さきほど
と同様に微分 $\dfrac{\partial L}{\partial q_1}$ と $\dfrac{\partial L}{\partial q_2}$ で定義して

$$e_{o1} \equiv \frac{\partial L}{\partial q_1} \qquad (4.23)$$

$$e_{o2} \equiv \frac{\partial L}{\partial q_2} \qquad (4.24)$$

とします。添え字の o は，出力層を表します。よって，(4.15)〜(4.18) 式の
変位は，右辺の微分に (4.19)〜(4.22) 式を代入し，さらに (4.23) 式と (4.24)
式の出力層の誤差を使って表すと

$$\Delta v_1 = -k \frac{\partial}{\partial v_1} L = -k \frac{\partial L}{\partial q_1} z = -k e_{o1} z \qquad (4.25)$$

$$\Delta p_1 = -k \frac{\partial}{\partial p_1} L = -k \frac{\partial L}{\partial q_1} = -k e_{o1} \qquad (4.26)$$

$$\Delta v_2 = -k \frac{\partial}{\partial v_2} L = -k \frac{\partial L}{\partial q_2} z = -k e_{o2} z \qquad (4.27)$$

$$\Delta p_2 = -k \frac{\partial}{\partial p_2} L = -k \frac{\partial L}{\partial q_2} = -k e_{o2} \qquad (4.28)$$

となります。それぞれの式の最右辺を見ると，出力層の誤差 e_{o1} と e_{o2} によって表される簡潔な項になっていることがわかります。

よって，変位を求める計算方法をまとめると，

1. 勾配降下法で，「隠れ層のパラメーターの変位」と，「出力層のパラメーターの変位」を求めたい。
2. 「隠れ層のパラメーターの変位」は (4.8) 式と (4.9) 式で与えられ，「出力層のパラメーターの変位」は，(4.15)〜(4.18) 式で与えられる。
3. これらの変位の右辺には，偏微分 $\frac{\partial L}{\partial w}$ 等が存在するが，**変位を表す (4.13)〜(4.14) 式や (4.25)〜(4.28) 式のように，これらの偏微分**は各層の誤差 e_m, e_{o1}, e_{o2} を使えば簡潔に表される。
4. よって，

各層のニューロンの誤差 e_m, e_{o1}, e_{o2} を求めれば，

各層の「パラメーターの変位」を求められる。

ということになります。続いて，この e_m, e_{o1}, e_{o2} を求めましょう。

4.2 出力層の誤差の計算

ここからこの重要な各層の誤差を求めましょう。まず，出力層の誤差の計算を進めてみましょう。出力層の誤差 e_{o1} を表す (4.23) 式の右辺に，2 乗誤差の損失関数の (4.7) 式を代入し，微分すると

$$e_{o1} \equiv \frac{\partial L}{\partial q_1} = \frac{1}{2} \sum_{x=0}^{1} \frac{\partial}{\partial q_1} \left[\{o_1(x) - r_1(x)\}^2 + \{o_2(x) - r_2(x)\}^2 \right]$$

$$= \frac{1}{2} \sum_{x=0}^{1} 2\{o_1(x) - r_1(x)\} \frac{\partial}{\partial q_1} \{o_1(x) - r_1(x)\}$$

$$= \sum_{x=0}^{1} \{o_1(x) - r_1(x)\} \frac{\partial}{\partial q_1} o_1(x)$$

となります。ここで，$\sum$ の中の出力 $o_1(x)$ の微分に (4.5) 式を使うと

$$= \sum_{x=0}^{1} \{o_1(x) - r_1(x)\} \frac{\partial}{\partial q_1} S(q_1) \tag{4.29}$$

となります。$\sum$ の中の項は，画素値 x が 0 と 1 の場合の「1 画像ごとの出力層ニューロン O_1 の誤差」ですが，これを e_1^o と書いて

$$e_1^o(x) \equiv \{o_1(x) - r_1(x)\} \frac{\partial}{\partial q_1} S(q_1)$$

$$= \{o_1(x) - r_1(x)\} S(q_1)\{1 - S(q_1)\} \tag{4.30}$$

と定義すると（右辺の 2 行目はシグモイド関数の微分の (3.4) 式を使っています）

$$e_{o1} = \sum_{x=0}^{1} \{o_1(x) - r_1(x)\} \frac{\partial}{\partial q_1} S(q_1) = \sum_{x=0}^{1} e_1^o(x) \tag{4.31}$$

となります。

また，同様に計算すると，出力層の誤差 e_{o2} に関して次の関係が成り立ちます。e_2^o は「1 画像ごとの出力層ニューロン O_2 の誤差」です。

$$e_{o2} \equiv \frac{dL}{dq_2} = \sum_{x=0}^{1} \{o_2(x) - r_2(x)\} \frac{\partial}{\partial q_2} S(q_2) \tag{4.32}$$

$$= \sum_{x=0}^{1} e_2^o(x) \tag{4.33}$$

$$e_2^o(x) \equiv \{o_2(x) - r_2(x)\} \frac{\partial}{\partial q_2} S(q_2)$$

$$= \{o_2(x) - r_2(x)\} S(q_2)\{1 - S(q_2)\} \tag{4.34}$$

4.3 隠れ層の誤差の計算

続いて隠れ層の誤差を求めましょう。隠れ層の誤差 e_m は，(4.12) 式に損失関数の (4.7) 式を代入して

$$e_m \equiv \frac{\partial L}{\partial y} = \frac{1}{2} \sum_{x=0}^{1} \frac{\partial}{\partial y} \left[\{o_1(x) - r_1(x)\}^2 + \{o_2(x) - r_2(x)\}^2 \right]$$

$$= \sum_{x=0}^{1} \left[\{o_1(x) - r_1(x)\} \frac{\partial}{\partial y} o_1(x) + \{o_2(x) - r_2(x)\} \frac{\partial}{\partial y} o_2(x) \right]$$

となります。右辺の [ ] の中の 2 つの偏微分は，(4.5) 式と (4.6) 式のシグモイド関数を $o_1(x)$ と $o_2(x)$ に代入し合成関数の微分公式を使うと

$$\frac{\partial}{\partial y} o_1(x) = \frac{\partial}{\partial y} S(q_1) = \frac{\partial q_1}{\partial y} \frac{\partial}{\partial q_1} S(q_1)$$

$$\frac{\partial}{\partial y} o_2(x) = \frac{\partial}{\partial y} S(q_2) = \frac{\partial q_2}{\partial y} \frac{\partial}{\partial q_2} S(q_2)$$

となります。よって，

$$e_m = \sum_{x=0}^{1} \left[\{o_1(x) - r_1(x)\} \frac{\partial}{\partial q_1} S(q_1) \frac{\partial q_1}{\partial y} + \{o_2(x) - r_2(x)\} \frac{\partial}{\partial q_2} S(q_2) \frac{\partial q_2}{\partial y} \right]$$

$$(4.35)$$

となります。

さて，この (4.35) 式をよく眺めてみましょう。先ほど求めた出力層の誤差 e_1^o と e_2^o ((4.30) 式と (4.34) 式) とよく似た項があります。よって，(4.35) 式をこれらを使って表すと

$$e_m = \sum_{x=0}^{1} \left(e_1^o(x) \frac{\partial q_1}{\partial y} + e_2^o(x) \frac{\partial q_2}{\partial y} \right)$$

と簡単になり，さらに右辺の微分に (4.2) から (4.4) 式と合成関数の微分公式を使うと

$$\frac{\partial q_1}{\partial y} = \frac{\partial z}{\partial y} \frac{\partial q_1}{\partial z} = \frac{\partial z}{\partial y} \frac{\partial}{\partial z} (v_1 z + p_1) = v_1 \frac{\partial}{\partial y} S(y)$$

$$\frac{\partial q_2}{\partial y} = \frac{\partial z}{\partial y} \frac{\partial q_2}{\partial z} = \frac{\partial z}{\partial y} \frac{\partial}{\partial z} (v_1 z + p_2) = v_2 \frac{\partial}{\partial y} S(y)$$

なので，

$$e_m = \sum_{x=0}^{1}\left\{e_1^o(x)v_1\frac{\partial}{\partial y}S(y)+e_2^o(x)v_2\frac{\partial}{\partial y}S(y)\right\} \tag{4.36}$$

$$= \sum_{x=0}^{1}\{e_1^o(x)v_1+e_2^o(x)v_2\}\frac{\partial}{\partial y}S(y) \tag{4.37}$$

$$= \sum_{x=0}^{1}\{e_1^o(x)v_1+e_2^o(x)v_2\}S(y)\{1-S(y)\} \tag{4.38}$$

となります。

さて，この式はとても簡単で，おもしろい形をしています。この式は，左辺の「隠れ層の誤差 e_m」を求めるには，右辺の「出力層の1画像ごとの誤差 e_1^o と e_2^o」を求めればよい，ということを表しています。つまり，

「出力層ニューロンの1画像ごとの誤差 e_1^o, e_2^o」がわかれば，

↓

「隠れ層ニューロンの誤差 e_m」がわかる

ということです。このように，ニューラルネットワークの信号の流れとは逆方向に誤差が求まります。よって，これを**誤差逆伝播法（バックプロパゲーション）**と呼びます。勾配降下法では，各層の誤差がわかれば，パラメーターの変位がわかります。この誤差逆伝播法はカリフォルニア大学サンディエゴ校のラメルハートとカーネギーメロン大学のヒントンらが1986年に発表すると，パラメーターの最適化を図る有効な方法として有名になりました。誤差逆伝播法は，隠れ層が数十層や数百層ある場合も同様に適用できます。なお，誤差逆伝播法の基礎は日本の甘利俊一が1967年に提案しています。

4.4　誤差逆伝播法の Python によるプログラム

この誤差逆伝播法を Python によるプログラムで実行してみましょう。次のプログラム 4-1 は，勾配降下法を使う前章のプログラム 3-1〜3-3 とほとん

ど同じ構造をしています。while ループは，損失値 L が 0.0001 以下になる
まで回り続けます。プログラムの前半が画素値 x=0 の場合で，後半が x=1
の場合です。前者の正解は (r1 r2)=(1 0) であり，後者の正解は (r1
r2)=(0 1) であるとします。

```
-------プログラム 4-1-------------------------------------
import math    # 指数関数 math.exp( )を使うために, math ライブラリを呼び出す
命令
i = 1          # while ループの回数
L = 100        # 損失関数 L の初期値 初期値は大きな値を選ぶ。
w = 2; b = 2; v1 = 2; p1 = 2; v2 = 2; p2 = 2
# w, b, v1, p1, v2, p2 の初期値
k = 10         # 学習率

while L >0.0001:                        # 損失関数L の収束条件
    print('No.', i, ' k  =  ', k )  # 計算回数と学習率を表示

    x  = 0    # ------ x = 0 の場合--------------------
    r1 = 1    # 出力o1 の正解
    r2 = 0    # 出力o2 の正解

    y  =  w * x + b          # (4.1)式
    z  = 1/(1+math.exp(-y))    # (4.2)式 シグモイド関数

    q1 = v1 * z + p1          # (4.3)式
    q2 = v2 * z + p2          # (4.4)式

    o1 = 1/(1+math.exp(-q1))  # (4.5)式 シグモイド関数
    o2 = 1/(1+math.exp(-q2))  # (4.6)式 シグモイド関数
    print('( x, 01, 02 )  = (', x, o1, o2, ')')

    L = ((o1-r1)**2 + (o2-r2)**2)/2       # (4.7)式の損失値（x=0の場合）
    eo1 = (o1-r1) * o1 * (1-o1)             # (4.30)式 出力層の誤差
    eo2 = (o2-r2) * o2 * (1-o2)             # (4.34)式 出力層の誤差
    em  = (eo1 * v1 + eo2 * v2) * z * (1-z) # (4.38)式 隠れ層の誤差

    # パラメーターの変位を求める (画素値x = 0の場合)
```

```
dv1 = -k * eo1 * z      # (4.25)式
dp1 = -k * eo1          # (4.26)式
dv2 = -k * eo2 * z      # (4.27)式
dp2 = -k * eo2          # (4.28)式
dw = -k * em * x        # (4.13)式
db = -k * em            # (4.14)式


x  = 1    # ------ x = 1 の場合--------------------
r1 = 0    # 出力o1 の正解
r2 = 1    # 出力o2 の正解

y  =  w * x + b         # (4.1)式
z  = 1/(1+math.exp(-y))  # (4.2)式


q1 = v1 * z + p1        # (4.3)式
q2 = v2 * z + p2        # (4.4)式


o1 = 1/(1+math.exp(-q1))  # (4.5)式
o2 = 1/(1+math.exp(-q2))  # (4.6)式
print('( x, 01, 02 )  =  (', x, o1, o2, ')')


L = ((o1-r1)**2 + (o2-r2)**2)/2 + L  # (4.7)式の損失値
eo1 = (o1-r1) * o1 * (1-o1)        # (4.30)式 出力層の誤差
eo2 = (o2-r2) * o2 * (1-o2)        # (4.34)式 出力層の誤差
em  = (eo1 * v1 + eo2 * v2) * z * (1-z)  # (4.38)式 隠れ層の誤差

# パラメーターの変位を求める(画素値x = 0と1の場合の和)
dv1 = -k * eo1 * z + dv1   # (4.25)式 x = 0とx = 1の場合の和
dp1 = -k * eo1 + dp1       # (4.26)式
dv2 = -k * eo2 * z + dv2   # (4.27)式
dp2 = -k * eo2 + dp2       # (4.28)式
dw = -k * em * x + dw      # (4.13)式
db = -k * em + db          # (4.14)式

# パラメーターの値(変位後)
w = w+dw
b = b+db
v1 = v1+dv1
p1 = p1+dp1
```

```
v2 = v2+dv2
p2 = p2+dp2
i = i+1

print('L  =  ', L)
print('(w b)  =  (', w, b, ') ')
print('(v1 p1 v2 p2)  =  (', v1, p1, v2, p2, ')')
print('')
```

　計算結果を図4-3に載せています。学習率k=10の場合は，2700回弱で，
損失値Lは1万分の1より小さくなっています。

```
▶ No. 2608  k = 10
( x, o1, o2 ) = ( 0 0.9922748241223013 0.0077236390512497605 )
( x, o1, o2 ) = ( 1 0.006351640012655797 0.9936496210024262 )
L = 0.00010000179339929661
(w b) = ( 8.013906133437349 -3.997317461174375 )
(v1 p1 v2 p2) = ( -10.275724409879745 5.041021908662956 10.276139421303204 -5.041229826064586 )

No. 2609  k = 10
( x, o1, o2 ) = ( 0 0.9922783382889941 0.007722125740933477 )
( x, o1, o2 ) = ( 1 0.0063503925363342899 0.9936508677759482 )
L = 9.99625707744891e-05
(w b) = ( 8.014049256506059 -3.9973897276405865 )
(v1 p1 v2 p2) = ( -10.2761073580556 5.041213136718632 10.276522217983903 -5.041420978155106 )
```

図4-3　誤差逆伝播法の計算結果（画像提供：Google）
Noは計算回数。各計算結果の1行目は計算回数と学習率kの値。2行目
と3行目は，それぞれ画素値x=0と1の場合の出力o1とo2。4行目は，
損失値L。5行目は隠れ層の重みwとバイアスb。6行目は出力層の2つ
のニューロンの重みとバイアスv1, p1とv2, p2。

　得られたパラメーターを見やすくするために小数点以下2桁まで書くと

$$(w \ b) = (8.01 \ -3.99)$$

$$(v1 \ p1 \ v2 \ p2) = (-10.27 \ 5.04 \ 10.27 \ -5.04)$$

が得られていて，このとき$x=0$と1のそれぞれの場合にo1, o2の値（以下
は小数点以下3桁まで記載）はほぼワンホットベクトルになっていることが

わかります。

$$(\text{x o1 o2}) = (0 \quad 0.992 \quad 0.007)$$

$$(\text{x o1 o2}) = (1 \quad 0.006 \quad 0.993)$$

4.5 勾配消失問題と ReLU（レルー）関数

　前節までで，隠れ層が1層あるニューラルネットワークでの出力層の誤差と隠れ層の誤差を求めました。ここで，出力層の誤差 e_{o1} と e_{o2} を表す (4.29) 式と (4.32) 式には，活性化関数（シグモイド関数）の微分が含まれています。活性化関数として，もし，ヘビサイドの階段関数を使っていれば，その微分はすでに見たように（微分できない $y=0$ を除いて）ゼロになるので，誤差逆伝播法は使えないことになります。

　また，隠れ層の誤差 e_m を表す (4.37) 式を見ると，こちらもシグモイド関数の微分が含まれています。この隠れ層の誤差には，さらに出力層の誤差を構成する e_1^o と e_2^o があり，これらも活性化関数の微分を含んでいます。この活性化関数の微分は「微分の連鎖律」によって生まれています。とすると，隠れ層が数十層になるディープラーニングでは，誤差逆伝播法で隠れ層の誤差を求めると，微分の連鎖律により，（特に入力層に近い隠れ層ほど）多くの活性化関数の微分が掛け算として含まれるであろうと容易に推測できます。活性化関数にシグモイド関数を用いるとすると，その微分は，図3-4からわかるように，傾きが最も大きい $y=0$ でもその値は 0.25 にすぎません。y が正の大きな値に近づくほど傾きは 0 に近くなり，また，y が負の小さな値に近づくほど 0 に近くなります。したがって，シグモイド関数の微分のかけ算を多く含む誤差ほど，その値は小さくなり，結果として変位の大きさも極めて小さくなるだろうと考えられます。変位が小さくなると，勾配降下法の計算は遅々として進まず，収束するまで長い時間を要することになります。これを**勾配消失問題**と呼びます。

　この問題に対処するために使われている活性化関数が **ReLU（レルー）**

関数です。ReLU 関数のフルスペルは Rectified Linear Unit 関数です。Rectified（レクティファイド）には電気の整流という意味があります。図 4-4 が ReLU 関数のグラフですが，この関数の横軸を電圧とみなし，縦軸を電流とみなすと，電圧がマイナスの場合（グラフの左側）では電流はゼロになって流れず，プラスの場合（グラフの右側）には電流が流れる整流作用を表しています。また，プラス側では，電流が線形（Linear）で増えています。

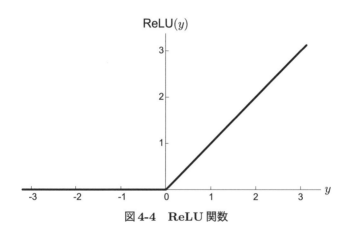

図 4-4　ReLU 関数

ReLU 関数は，**ランプ関数**や**正規化線形関数**とも呼ばれます。ランプ関数の語源は，英語で傾斜（路）を表す Ramp で，図 4-4 のように，グラフの形が右上がりの傾斜路に似ていることによります。ランプと言っても，明かりの Lamp ではないことに注意しましょう。ちなみに首都高速道路の出入り口もランプと呼ばれていますが，語源はこの Ramp です。

　ReLU 関数の傾きは，$y > 0$ の領域ではどこでも 1 であり，シグモイド関数の最大の 0.25 よりも大きく，y が正の大きな値をとると傾きが 0 に近づくということもありません。これが勾配消失問題を起こしにくい理由です。なお，$y = 0$ では微分が定義できませんが，ニューラルネットワークのプログラムでは多くの場合に「$y = 0$ での微分値は 0」にしています。

4.6 ソフトマックス関数

ReLU 関数に加えてよく使われている活性化関数に**ソフトマックス関数**があります。シグモイド関数や ReLU 関数の変数は y が1つだけでしたが，ソフトマックス関数は変数が2つ以上ある場合によく使われます。たとえば，変数が y_1, y_2, y_3 の3つある場合のソフトマックス関数は

$$z_1 \equiv \frac{e^{y_1}}{e^{y_1} + e^{y_2} + e^{y_3}}, \qquad z_2 \equiv \frac{e^{y_2}}{e^{y_1} + e^{y_2} + e^{y_3}}, \qquad z_3 \equiv \frac{e^{y_3}}{e^{y_1} + e^{y_2} + e^{y_3}}$$

です。

この関数の特徴を見てみましょう。まず，この3つを足してみると

$$z_1 + z_2 + z_3 = \frac{e^{y_1} + e^{y_2} + e^{y_3}}{e^{y_1} + e^{y_2} + e^{y_3}} = 1 \tag{4.39}$$

となり，和は1になります。次に，z_1 がどの範囲の値をとるかを見てみましょう。y_1 が y_2 や y_3 に比べてはるかに大きい正の値をとる場合には

$$y_1 \gg y_2, y_3 \quad \text{よって，} \quad e^{y_1} \gg e^{y_2}, e^{y_3}$$

なので，

$$z_1 = \frac{e^{y_1}}{e^{y_1} + e^{y_2} + e^{y_3}} \cong \frac{e^{y_1}}{e^{y_1}} = 1$$

となり，1に近い値になります。ただし，分母には小さくても e^{y_2} や e^{y_3} の項があって，これらは指数関数なので正の値をとるので，z_1 は1より大きな値をとることはありません。また，$z_1 \cong 1$ の場合には，(4.39) 式の性質から z_2 と z_3 はほぼゼロになります。なので，z_1, z_2, z_3 のどれか1つが1に近い値をとるときには，それ以外の2つはほぼゼロになり，ワンホットな出力が得られます。

一方，y_1 が $-\infty$ に近い値をとるときには，e^{y_1} はゼロに近い正の値をとるので，z_1 もゼロに近い正の値をとります。したがって，z_1 はゼロから1までの範囲の値をとることがわかります。

さてこれで，ディープラーニングに関する基本的な知識を理解し身に付けました。次章では，いよいよディープラーニングの実践に取り組みましょう。

☕*Column*　データの型について

　Pythonが扱うデータには，型（type）というものがあります。た
とえば，文字列型，整数型，浮動小数点型などです。初めてプログラ
ムを学ぶ際には「型って何だろう？」とか「どうして型なんてものが
あるの？」とか戸惑う方も少なくはないでしょう。実は，この「型」
はコンピューターの発展の歴史をちょっと頭に入れると，すんなり
と理解できるのです。

　筆者が大学生だった1980年ごろの代表的なパソコンはNECの
PC8800や富士通のFM7と呼ばれる機種でした。これらのパソコン
は8bit（ビット）のデータを扱っていました。コンピューターが実
際に処理するデータは0と1からなる2進数で，この0か1かが1bit
です。8bitだとこれが8桁並ぶので，たとえば，

01100001　とか　11110000　とか

のデータを扱います。このとき文を扱うにはアルファベットやひら
がなを扱う必要があるので，アルファベットのa, b, cなどを2進数の
数字にあてはめます。したがって，先ほどの01100001というデータ
が計算に用いる数値なのか，それともアルファベットやひらがなに
あてはめられた文字を表すデータなのかを区別する必要があります。
たとえば，文字との対応を決めるASCIIコード表では01100001は
アルファベットの小文字のaに対応します。このようにコンピュー
ターが文字列型のデータと数値型のデータを区別できるように，型
を指定する必要が生じました。

　文字列型のデータの場合に，8bitだと扱える2進数は

$$2 \times 2 \times 2 \times 2 \times 2 \times 2 \times 2 \times 2 = 256 種類$$

に限られます。なので，全部で26文字のアルファベットや約50文字のひらがなやカタカナは扱えますが，日本語で使う漢字は1000文字以上あるので8bitでは全く足りません。そこで，漢字を扱うには少なくとも16bitのデータが必要になります。16bitだと256×256で65,536種類になります。

　数値型のデータでも8bitでは，10進数の整数に直して0から255までしか扱えないということになります。そこで，大きな整数を扱うには16bitや32bitが必要になります。

　数値データの内，整数型（integer）は「十進数の整数」だけの数値データです。浮動小数点型は

$$6.626 \times 10^{-34}$$

のように「小数点と指数を使う数値」で，指数を使うのでとても大きな数からとても小さな数まで扱えます。ちなみに，多くのプログラミング言語ではこれを

$$6.626\text{E-}34 \quad や \quad 6.626\text{e-}34$$

と表し，このEやeは指数（exponential）を表します。

　Pythonの数値計算ライブラリであるNumPyで用いるデータの型はdtypeという命令で判定できます。この命令を使ってstrと出れば文字列型（string）で，uint8と出れば8bitの符号なし整数型（unsigned int：0～255），そしてfloat32と出れば32bitの浮動小数点型です。

Chapter 5

ディープラーニングの
実践

──さっそく操ってみよう！──

5.1　様々なプラットフォーム

　本章で，いよいよ本格的なディープラーニングの実践に取り組んでみましょう。

　機械学習の分野では，コンピューターを利用するための様々なシステム（プラットフォームと呼びます）が並立していて群雄割拠の状況にあります。そのうちで Google LLC が提供しているプラットフォームが **Google Colaboratory**（グーグルコラボラトリー）で，機械学習用のプラットフォームが **TensorFlow**（テンソルフロー）です。ほかに Amazon.com, Inc. やマイクロソフトが提供しているプラットフォームもあります。本書では，無料で利用できて，利用者の多い Google Colaboratory の TensorFlow を使います。

　コンピューターの動作において，LSI などの電気回路の部分を**ハードウェア**と呼び，プログラムやデータなどを**ソフトウェア**と呼びます。プログラムは実際に計算などを行う命令の集まりで，プログラムに関わるデータファイルなどを含めて**アプリケーション**（通称アプリ）と呼びます。また，多数のアプリケーションをまとめて利用できるようにした保管庫を**ライブラリ**と呼びます。ライブラリには，インターネットを使ってアクセスできるものがあり，無料で誰でも使ってよいものを**オープンソース**と呼びます。スマートフォンで利用するアップルストアやグーグルプレイもライブラリです。機械学習に関わるオープンソースの主要なライブラリとしては **Keras**（ケラス）があり，プログラミング言語 Python によって書かれています。TensorFlow を使えば Keras を呼び出せます。

　と，ここまでで見慣れない専門用語がいくつも出てきて読者のみなさんの頭の中が混乱したかもしれません。本書においては，Google Colaboratory と TensorFlow，それに Keras を頭の中に残しておいて下さい。

5.2 ディープラーニングによるファッション画像の分類

　例題として，実際にディープラーニングのモデルを構築して，「ファッション画像の分類」に取り組んでみましょう。ここでは，機械学習の教材として広く使われている **Fashion MNIST**（ファッションエムニスト）というファッション画像の**データセット**（データの集まり）を使います。画像数は7万枚で，6万枚の訓練用画像と1万枚の検証用画像に分けて使います。各画像には，ファッションの分類名が0から9までの数字でつけられていて，この数字を**ラベル**と言います。ここでは，まず6万枚の訓練用画像と，各画像に対応する6万個のラベルを使って訓練します。このラベルは正解を表していますが，このように正解がわかるデータセットで学習することを**教師あり学習**と呼びます。

　学習方法には，他に**教師なし学習**という方法もあります。たとえば数百万枚の猫と犬の画像のデータセットを正解のラベルなしで2つの種類に分類する場合などが教師なし学習です。ニューラルネットワークが猫と犬の何らかの特徴の違いを自ら学習します。それから**強化学習**という方法もあります。これは報酬関数を設けて，この報酬関数の値が大きくなるように学習を進める方法です。

　ここからファッション画像を分類するプログラムを見て行きますが，Kerasを使う場合には，前章までのたくさんの項が現れる数式を入力する必要はありません。Kerasには，ありがたいことにそれらの数式を使うプログラムがすでに多数のメソッド（サブルーチン）として内蔵されています。私たちが行うべきことは，手順に沿ってそれらのメソッドを呼び出して実行することです。その手順は次の5つです。

1. PCやスマートフォンでGoogle Colaboratoryにアクセスし，TensorFlowやKerasなどのライブラリを呼び出す。
2. ファッション画像のデータセットを呼び出し，配列に分配する。

3. ディープラーニングのネットワークの構成（モデル）を決める。

4. 訓練用データでモデルを訓練する（学習させる）。

5. 検証用データでモデルの性能を確かめる。

ファッション画像を分類するプログラム5-1を以下に記載しました。これ
までと同様に#から右はコメント文です。

```
--------プログラム 5-1-------------------------------------
# TensorFlow と Keras のインポート
import tensorflow as tf
from tensorflow import keras

# NumPy と Matplotlib のインポート
import numpy as np
import matplotlib.pyplot as plt

# fashion_mnist のデータセットのロード
(kunren_gazou, kunren_label), (kensho_gazou,
kensho_label)= keras.datasets.fashion_mnist.load_data()

# ラベルをワンホットベクトルに変換
from keras.utils.np_utils import to_categorical
kunren_label = to_categorical(kunren_label, num_classes=None)
kensho_label = to_categorical(kensho_label, num_classes=None)

# データセットの正規化
kunren_gazou = kunren_gazou / 255.0
kensho_gazou = kensho_gazou / 255.0

# ニューラルネットワークのモデルの構築
model = keras.Sequential([
    keras.layers.Flatten(input_shape=(28, 28)),
    keras.layers.Dense(128, activation='sigmoid'),
    keras.layers.Dense(10, activation='softmax')
])

# モデルの要約 (Summary)
model.summary()
```

```
# モデルの編集
model.compile(optimizer='SGD',
              loss='mean_squared_error',
              metrics=['accuracy'])

# モデルによる訓練（学習）
model.fit(kunren_gazou, kunren_label, epochs=20)

# モデルの保存
model.save('Jijyou_heikin_ep20.h5')

# モデルの検証
kensho_loss, kensho_acc = model.evaluate(kensho_gazou,
kensho_label, verbose=2)

print('¥n')
print('Kensho loss (Sonshitsu):', kensho_loss)
print('Kensho accuracy (Seikai_ritsu):', kensho_acc)
--------------------------------------------------------
```

5.3　TensorFlowと各種ライブラリのインポート

　プログラム 5-1 の中身を見て行きましょう。コメント文を除くと，実質的には 20 行あまりの短いプログラムです。まず，Google Colaboratory に入って，TensorFlow を呼び出します。この命令は，

```
import tensorflow as tf
```

です。import がライブラリを呼び出す（あるいは，読み込む）命令で，as tf の意味は，このプログラム内で TensorFlow の命令を使う際には，命令文の頭に略称の

```
    tf.
```

をつけることを意味します。本書では，「ライブラリ等を呼び出すこと」を
「インポートする」と表現します。

　続けて TensorFlow のライブラリから Keras をインポートします。この命
令は，

```
from tensorflow import keras
```

です。

　さらにプログラミング言語 Python の数値計算のためのライブラリで
ある **NumPy**（ナンパイ）と，グラフを書くライブラリである **mat-
plotlib.pyplot**（マットプロットリブ・パイプロット）をインポートし
ます。これらの命令は，

```
import numpy as np
import matplotlib.pyplot as plt
```

です。ここで NumPy の Num は numeric（ニューメリック：数値）の略で，
Py は Python の略です。このプログラム 5-1 に登場する配列は NumPy 固
有のルールに従います（固有のルールの 1 つは少し後に登場します）。また，
matplotlib の mat は math（数学）の略で，plot は描画で，lib は library の
略です。ここでも，NumPy と matplotlib.pyplot という見慣れない専門用
語が出てきて，特に後者の発音は舌を噛みそうですが，これらも使っている
うちにすぐに慣れてきます。

　プログラム 5-1 の最初の 6 行の各種のライブラリのインポートの部分は，
変えることはあまりないので，一種の呪文のようにも見えます。アラジンが
魔法のランプをこすって Keras や NumPy という名の魔人を呼び出すという
イメージです。

5.4　画像データの読み込みと正規化

　次に，ファッションの画像データとして Fashion MNIST を読み込みます。
NIST はアメリカの国立標準技術研究所（National Institute of Standards
and Technology）の略称です。MNIST（Modified NIST）は，「NIST が
保管している画像データセット」を再構成した（Modified）データセット
で，Fashion MNIST はそのうちのファッション画像のデータセットです。
Fashion MNIST の中身は，画素数 28×28 の図 5-1 のようなグレースケール
の画像で，各画素の濃淡は 256（2 の 8 乗）階 調 の画素値によって表されて
います。

図 5-1　Fashion MNIST の画像の例

　それぞれの画像は 10 種類のラベル（0 から 9 までの整数）で分類されてい
て，ラベルの種類（Class）は次ページの表 5-1 のようになっています。この
うち少し耳慣れない Trouser（トラウザー）はズボンで，Pullover は頭から
かぶるボタンのない服，Ankle boot は踵をカバーしている靴（サンダルで
はなくスニーカーでもない）です。

表5-1 **FASHION MNIST** のラベル

Label	Class	
0	T-shirt/top	Tシャツ/トップ
1	Trouser	トラウザー
2	Pullover	プルオーバー
3	Dress	ドレス
4	Coat	コート
5	Sandal	サンダル
6	Shirt	シャツ
7	Sneaker	スニーカー
8	Bag	バッグ
9	Ankle boot	アンクルブーツ

Fashion MNIST のデータセットは Keras に保存されていて，次の命令で読み込みます。

```
(kunren_gazou, kunren_label), (kensho_gazou,
kensho_label)=keras.datasets.fashion_mnist.load_data()
```

右辺は Keras に保管されている `fashion_mnist` のデータセットを読み込む命令で，`load_data()` はそのためのメソッド（関数）です。左辺は，そのデータを，

`kunren_gazou`	（訓練用の画像データ）
`kunren_label`	（訓練用の画像のラベル）
`kensho_gazou`	（検証用の画像データ）
`kensho_label`	（検証用の画像のラベル）

の4つの配列に分配することを意味しています。Fashion-MNIST の画像数

は7万枚で，上記の命令によって6万枚の訓練（学習）用画像と1万枚の検証用画像に自動的に分配されます。この命令文も定型的です。

　`kunren_label`と`kensho_label`には，画像のラベルとして0から9までの整数が入っていますが，このようにカテゴリー（基本的な分類）を分ける変数を**カテゴリカル変数**と呼びます。カテゴリカル変数には，この例のように数値（ここでは0から9までの整数）で表すものと，ワンホットベクトルで表すものがあります。Kerasの損失関数はワンホットベクトルに対応しているものが多いので，この画像の分類名をワンホットベクトルに変換しておきます（なお，あとで触れるように，変換が不要な別の損失関数もあります）。たとえば，Sandalのラベルは5ですが，これをワンホットベクトルの（0 0 0 0 0 1 0 0 0 0）に変換し，Dressのラベルの3を（0 0 0 1 0 0 0 0 0 0）に変換します。この変換には，Keras内にあるNumPyのユーティリティ（有用なソフトウェア）のライブラリである`keras.utils.np_utils`から`to_categorical`というメソッドをインポートして使います。プログラム5-1の**# ラベルをワンホットベクトルに変換**では次のような命令で`kunren_label`と`kensho_label`の配列をワンホットベクトルに変換します。

```
# ラベルをワンホットベクトルに変換
from keras.utils.np_utils import to_categorical
kunren_label = to_categorical(kunren_label, num_classes=None)
kensho_label = to_categorical(kensho_label, num_classes=None)
```

このプログラムリストの2行目と3行目の右辺のカッコの中の1つ目（これを第1引数と呼びます）が，変換される配列名です。2行目では`kunren_label`が配列名で3行目は`kensho_label`が配列名です。右辺のカッコの中の2つ目（これを第2引数と呼びます）はクラス数を指定します。`num_classes=None`の場合は，ラベルの最大値に1を足した数がクラス数になります。`kunren_label`や`kensho_label`の場合は表5-1の左の列からラベルの最大値が9であることがわかります。これに1を足した

10 がクラス数になります（つまり，10 種類です）。to_categorical 命令
によって，ワンホットベクトルに変換されたデータは，左辺の同じ名前の配
列 kunren_label と kensho_label にそれぞれ代入されます。この 3 行
も定型的な命令なので何回も使っているうちに覚えられるでしょう。

　続いて，各画素の画素値は，0 から 255 までの整数で表されていますが，こ
れを 0 から 1 までの範囲の値に変換します。この操作を**正規化**と呼びます。
ディープラーニングでは，データセットを正規化すると，訓練（学習）がう
まく進みやすいことが知られています。その正規化の命令は

```
kunren_gazou = kunren_gazou / 255.0
```

です。右辺は，配列 kunren_gazou の中の各画素の画素値を 255.0 で割る
ことを表し，左辺の kunren_gazou という同じ名前の配列に代入していま
す。このような場合に他のプログラミング言語では，ある配列の中の個々の
要素を一つ一つ割り算をするプログラムを書く必要がありますが，NumPy
の配列の場合には，この右辺のように「配列全体を割り算する」という表記
が可能です。続いて，同様に kensho_gazou も正規化します。

```
kensho_gazou = kensho_gazou / 255.0
```

5.5　ニューラルネットワークのモデルの構築とサマリー（要約）

　ここまでで，Keras などのライブラリのインポートとデータセットの読み
込みと正規化が終わりました。続いて，いよいよディープラーニングのモデ
ルを構築しましょう。プログラム 5-1 の **# ニューラルネットワークのモデルの
構築**と **# モデルの要約 (Summary)** をご覧ください。

```
# ニューラルネットワークのモデルの構築
model = keras.Sequential([
```

```
    keras.layers.Flatten(input_shape=(28, 28)),
    keras.layers.Dense(128, activation='sigmoid'),
    keras.layers.Dense(10, activation='softmax')
])
```

 # モデルの要約 (Summary)
```
model.summary()
```

　1行目のSequential（**シーケンシャル**）という英単語は「連続的な」という意味ですが，この文は，図1-5のニューラルネットワークのように，「入力層の次に隠れ層が続き，さらに隠れ層の次に出力層が**連続的に**続くネットワーク」を意味します。各層が途中で分岐しないネットワークです。隠れ層などが分岐する複雑なネットワークを作る際には，KerasのFunctional API（ファンクショナルエイピーアイ）という機能を使います。**API**のフルスペルはapplication programming interface（アプリケーションプログラミングインターフェース）です。APIは，ライブラリの中の様々なプログラムを利用する際のツール（道具）と考えればよいでしょう。本書ではFunctional APIには触れません。ちなみに，ディープラーニングを学ぶ際にやっかいなのはディープラーニングそのものというより，このような見慣れない専門用語が多数登場して頭の中が混乱しがちなことです。
　さて，先ほどの文は，

```
model = keras.Sequential(                )
```

と書くことで，ネットワークのモデルがシーケンシャルであることを定義します。具体的なモデルの構造は右辺のカッコ ( ) の中に書きます。
　そのカッコの中の引数は，

```
    keras.layers.Flatten(input_shape=(28, 28)),
    keras.layers.Dense(128, activation='sigmoid'),
    keras.layers.Dense(10, activation='softmax')
```

の3行となっていますが，これは上から下に，入力層，隠れ層，出力層の構

造を表しています。

　まず，入力層の Flatten という命令は，入力したデータを 1 次元の配
列に変換します。Flatten は「平らにする」という意味です。カッコの中
の引数 input_shape=(28, 28) では，Fashion MNIST の入力画像デー
タが縦 28 個で横 28 個の 2 次元配列であることを示しています。よって，
28 × 28 の 2 次元配列のファッション画像のデータが，Flatten 命令によっ
て 784（= 28 × 28）個の要素を持つ 1 次元配列に変換されます。

　次に隠れ層と出力層には，Dense（デンス）がついています。Dense は
「密な」という意味で，これは前後の層のすべてのノード（node：結び目の
意で，本章以降では，ニューロンを広く使われている専門用語のノードと記
述します）と "密に" つながっている層にすることを意味します。たとえば，
図 1-4 や図 1-5 の出力層の各ノードは，入力層のすべてのノードとつながっ
ていますが，これが dense な結合で，**全結合**や**密結合**と呼びます。

　隠れ層のカッコの中の第 1 引数の 128 はノードの数を表し，その次の第 2
引数の

```
activation='sigmoid'
```

は，活性化関数をシグモイド関数に指定しています。これを relu にすれ
ば，ReLU 関数になります。出力層の第 1 引数の 10 もノードの数を表し，第
2 引数の

```
activation='softmax'
```

は，活性化関数をソフトマックス関数に指定しています。

　プログラム 5-1 の**# モデルの要約 (Summary)** は

```
# モデルの要約 (Summary)
model.summary()
```

モデルのサマリー（要約）を表示する命令です。このプログラムを実行する
と，次の図 5-2 のような表示が現れます。

```
☐→  Model: "sequential_1"
```

Layer (type)	Output Shape	Param #
flatten_1 (Flatten)	(None, 784)	0
dense_2 (Dense)	(None, 128)	100480
dense_3 (Dense)	(None, 10)	1290

```
Total params: 101,770
Trainable params: 101,770
Non-trainable params: 0
```

図5-2　ニューラルネットワークのモデルのサマリーの表示
（画像提供：Google）

　左端の列は，上から入力層，隠れ層，出力層を表しています。Denseは，全結合層であることを示しています。

　まん中の列のOutput Shapeは出力データがどのような配列であるかを表しています。この（None, 784）という表記のように要素が2つある場合は，2次元の配列であることを表しています。ただし，配列の行数に対応する1つ目の要素にNoneと書かれている場合は「配列の行数」を指定していないことを意味しています。この表記の2つ目の要素の784は「配列の列数」が784あることを表しています。この784は列数であるとともに，ノードの数でもあります。なお，Output Shapeの2行目と3行目の数字から，ノードの数は，隠れ層が128で出力層が10であることがわかります。

　右端の列は，パラメーターの数を表していて，入力層は入力値をそのまま隠れ層に送る恒等変換を行うので，パラメーターの数はゼロです。しかし，隠れ層では，パラメーターの数は100,480個と膨大な数になります。これは(1.1)式の関係から

　　入力層のノードの数×隠れ層のノードの数＝隠れ層の重みの数

であり（$784 \times 128 = 100,352$），

$$隠れ層のノードの数 = 隠れ層のバイアスの数$$

なので (128), この両者の和 (100,352 + 128 = 100,480) が隠れ層のパラメーターの数になるからです。出力層のパラメータの数も同様に計算できて

$$128 \times 10 + 10 = 1290$$

となります。

　図 5-2 の左下の Total params は, 全部のパラメーターの数で 100,480 + 1290 = 101,770 です。Trainable params は学習が可能なパラメーターの数で, Non-trainable params は, 学習が不可のパラメーターの数です。なお, ノードの数や学習率のような「学習の前に決めるパラメーター」を**ハイパーパラメーター**と呼びます。

　この 5 行のプログラムのように極めて簡単な記述だけで, ニューラルネットワークが構築できるのが Keras のすばらしい利点です。驚くべき簡便さです。もし, Keras 等のライブラリの力を借りずに, 128 個のノードや 10 個のノード間の結合を行列を使って表し, それをさらにプログラム化しようとすると, かなりの労力を要することでしょう。また, 計算ミスやプログラムのミスなどに苦しめられる可能性も高くなります。

　モデルの構築には他の書き方もあって, 層を加える model.add() メソッドを使うことも可能です。その場合, **# ニューラルネットワークのモデルの構築**を書き換えると以下のようになります。

```
# ニューラルネットワークのモデルの構築
model = keras.Sequential()
model.add( keras.layers.Flatten(input_shape=(28, 28)))
model.add( keras.layers.Dense(128, activation='sigmoid'))
model.add( keras.layers.Dense(10, activation='softmax'))
```

このプログラムでは, 1 行目の右辺の Sequential の引数を何も記入せず空欄とし, 2 行目以降で model.add() メソッドを使って各層の定義を加えていきます。各層の引数はプログラム 5-2 と同じです。

5.6 モデルのコンパイル

　これでニューラルネットワークの構造が決まりました。次に，この
ネットワークを訓練する（学習させる）必要があります。そのために，
model.compile メソッドを使って最適化手法や損失関数に何を使うかを
指定します。プログラム 5-1 の該当箇所は次の**# モデルの編集**です。

 # モデルの編集
```
model.compile(optimizer='SGD',
              loss='mean_squared_error',
              metrics=['accuracy'])
```

ここで，引数の optimizer='SGD' は**最適化手法**を指定する命令で，**SGD**
と指定することで**確率的勾配降下法（Stochastic Gradient Descent）**が
実行されます。第 3 章で見た勾配降下法の一種です。単純な勾配降下法で
は，すべての訓練データを使って次の変位を求めますが，データ数が多い場
合は計算時間が極めて長くなります。確率的勾配降下法では，訓練データの
中から，小さな集団のデータをランダム（無作為）に集め，このデータセッ
トを対象として変位を求めます。データの束（たば）を**バッチ**（batch）と
呼びます。たとえば，「バッチ処理」は「データセットの一括処理」を意味し
ます。これに対して，データを小さな束にわけたものを**ミニバッチ**と呼びま
す。確率的勾配降下法では，ランダムにミニバッチを選び勾配降下法を適用
します。

　引数の 2 行目の loss='mean_squared_error' は損失関数を指定する
命令です。ここでは損失関数は mean_squared_error に指定していま
す。mean は平均を意味し，squared は 2 乗を意味するので，これは平均 2
乗誤差です。

　3 行目の metrics（メトリクス：**精度指標**）は，このモデルの良否を判定
する数量のことで，ここでは accuracy（アキュラシー：**正解率**）を使って
います。正解率の定義を，「0 か 1 か」や「陽性（positive）か陰性（negative）
か」という 2 値の簡単な問題で見ておきましょう。表 5-2 の**真偽表**は，陽性

か陰性かという予測を横の行に分けて書き，実際の陽性と陰性を列に分けて
書いています。

表 5-2　真偽表

	実際に陽性	実際に陰性
予測は陽性	真陽性 （TP）	偽陽性 （FP）
予測は陰性	偽陰性 （FN）	真陰性 （TN）

この表のように 4 つの事象があり，そのそれぞれは，「予測が陽性で実際
に陽性」であるものを真陽性 （TP : True Positive），「予測が陽性で実際に
は陰性」であるものを偽陽性 （FP : False Positive），「予測が陰性で実際に
陽性」であるものを偽陰性 （FN : False Negative），「予測が陰性で実際に陰
性」であるものを真陰性 （TN : True Negative） と呼びます。正解率の定義
は，このうち正しいもの （TP+TN） を全体 （TP+TN+FP+FN） で割った
値です。

$$正解率 = \frac{TP + TN}{TP + TN + FP + FN}$$

`metrics` には，他に適合率 （Precision） などもあります。適合率は，「陽
性を予測したものの中で正しかったものの割合」で，次式で表されます。

$$適合率 = \frac{TP}{TP + FP}$$

なお，コンピューター関係の分野では，Compile （コンパイル） という専
門用語は，プログラムをコンピューターが演算に使う機械語 （マシン語） に
変換する場合によく使われます。一方，これとは違って Keras でのこのコン
パイルは，「モデルの最適化手法を編集すること」を意味します。

5.7 モデルの学習

　これでニューラルネットワークのモデルが構築できて，そのモデルの最適化手法も決めました。続いて学習させてみましょう。プログラム 5-1 の **# モデルによる訓練（学習）** をご覧ください。学習には次のように model.fit メソッドを使います。

 # モデルによる訓練(学習)
```
model.fit(kunren_gazou, kunren_label, epochs=20)
```

　この文は，正解がわかっている訓練用データである kunren_gazou と kunren_label を使って学習することを指示しています。カッコの中の第 1 引数が訓練画像の配列 kunren_gazou で，第 2 引数が訓練用ラベルの配列 kunren_label です。第 3 引数は学習の回数を表し，**エポック**（epoch）数と呼びます。ここでは 20 回にしています。

　このプログラムを実行させてみましょう。三角マークをクリックすると計算が始まります。おおよそ図 5-3 のような結果が出るはずです。最適化手法として確率的勾配降下法を使っているので学習の結果は完全には同じにはなりません。

図 **5-3**　訓練結果の出力例（画像提供：Google）

　左端の数字がエポック数で，1/20は「20回分のうちの1回目」を表します。右端のaccuracyが正解率です。右から2番目のlossは損失値を表しています。エポック数1での正解率は約24％（=0.2380）で，損失値（小さい方が良い）は0.0891です。正解率は1回ごとに向上し，20回で71％まで向上しています。さらにエポック数を増やせば，正解率はもっと向上します。この訓練で，重みとバイアスが求められたので，このニューラルネットワークはひとまずは完成したことになります。

　プログラム5-1の終わり近くでは，学習を終えたモデルを保存しています。モデルのセーブ（保存）には，次のようにmodel.saveメソッドを使います。

```
# モデルの保存
model.save('Jijyou_heikin_ep20.h5')
```

カッコの中のJijyou_heikin_ep20.h5はファイル名です。拡張子のh5は，HDF5と呼ばれるファイル形式を表しています。

5.8　モデルの性能の評価

　このニューラルネットワークを使って検証データを分類し，その性能を評価してみましょう。どの程度の正解率が得られるのかとても楽しみです。評価には，model.evaluateメソッドを使います。evaluate（エバリュエイト）は「評価」を意味します。プログラム5-1の# モデルの検証を以下に示します。

```
# モデルの検証
kensho_loss, kensho_acc = model.evaluate(kensho_gazou,
kensho_label, verbose=2)

print('¥n')
print('Kensho loss (Sonshitsu):', kensho_loss)
print('Kensho accuracy (Seikai_ritsu):', kensho_acc)
```

1行目の右辺のカッコの中の第1引数と第2引数で，検証用の画像とラベルの配列を指定しています。Fashion MNISTの検証画像は1万枚です。左辺にkensho_loss，kensho_accと書くことによって，損失値と正解率は，それぞれ変数kensho_lossとkensho_accに代入されます。verbose=2とすると計算の進行が矢印によって示されます。verbose（ヴァーボウス）の訳は「詳細の」で，これを0にすると表示されなくなります。これらの結果をプリントアウトするためにprint命令を使います。3行目のprint('¥n')は，改行の命令です。ここは¥マークではなく，本当はバックスラッシュ「\」なのですが，Windowsパソコンのキーボードでは「¥」のキーを押すと入力できて，画面上の表示も¥マークのままです。この改行命令を使えば，print命令は以下のように1文で書くことも可能です。

```
print('¥nKensho loss:', kensho_loss, '¥nKensho accuracy:',
kensho_acc)
```

　プログラム5-1を実行すると

```
Kensho loss (Sonshitsu): 0.04586784914135933
Kensho accuracy (Seikai_ritsu): 0.7139999866485596
```

という出力が得られました。70%を超える正解率は最初のトライアルにしては悪くない値です。また，訓練画像の正解率とほとんど同じです。隠れ層の数を増やしたり，ノードの数を変えたり，また，エポック数を増やしたりするともっと良い値が得られることでしょう。

5.9　正解率71%のニューラルネットワークによる 1サンプルの予測は？

　配列kensho_gazouに含まれる1万枚の画像の正解率は71%でした。今度は，この画像の1つをサンプルとして取り出して，このニューラルネットワークを使って分類してみましょう。ここで，配列kensho_gazouの構造

がどのようなものなのか確認しておきましょう。配列の構造の確認には、配列名に`.shape`をつなげた次の命令を使います。そこで、新たなコードセルを開いて

```
kensho_gazou.shape
```

を入力して実行すると

```
(10000, 28, 28)
```

という出力が得られます。shape命令では、配列の次元と各次元の要素の数（次元の長さ）がわかります。この例では、3つの数字が並んでいますが、これは要素が3種類あることから次元数が3であることを示していて、その各次元の要素の数が、10000と28と28であることを示しています。この場合は、それぞれの数字は、画像数、縦の画素数、横の画素数です。

　次に画像データの1つを確認してみましょう。たとえば300番目の画像データを見るには

```
kensho_gazou[300]
```

を入力します。すると、

```
array([[0. , 0. , 0. , 0. , 0. ,
```

で始まる28行×28列の計784画素の画素値が続々と画面に現れます。これでは、何の画像であるのかがわからないので、画像（image）を表示（show）する`plt.imshow`（アイエムショウ）メソッドで画像化します。

```
plt.imshow(kensho_gazou[300], cmap='gray')
plt.colorbar()
```

すると、図5-4の画像が表示されます。`cmap='gray'`はグレースケールの描画の命令で、`plt.colorbar()`でカラーバーが表示されます。

　また、その正解のラベルを見るには

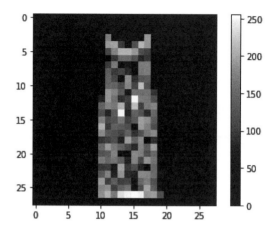

図5-4 300番目の画像（画像提供：Google）

```
kensho_label[300]
```

を入力します。すると，

```
array([0., 0., 0., 1., 0., 0., 0., 0., 0., 0.], dtype=float32)
```

が出力されます。arrayは配列であることを示しています。角括弧の中の
要素は1つだけ1であり，それ以外は0なので，これはワンホットベクトル
です。4番目の要素が1になっているので表5-1から正解はDress（ドレス）
であることがわかります。なお，dtype=float32はデータの型（type）が
32ビットの浮動小数点であることを表しています。

　ワンホットベクトルのままでは，どのラベルであるかがわかりにくいの
で，ワンホットベクトルをラベルの番号に変換してみましょう。これには，
np.argmax関数を使います。この関数は，ベクトルの「成分の最大の数」
が「何番目の成分」であるかを示します（最初の成分を0番目とします）。な
お，Argument（アーギュメント）は引数を意味します。次の命令を実行す
ると

```
print(np.argmax(kensho_label[300]))
```

3が出力され，ラベルが3であり，よって，表5-1からDressに対応すること
がわかります。

　さて，この配列kensho_labelの300番の画像を，先ほど訓練したニュー
ラルネットワークを使って予測してみましょう。ニューラルネットワークに
画像を予測させるメソッドは，model.predictです。ただし，

```
model.predict(kensho_gazou[300])
```

を実行してもエラーになります。先ほど構築したネットワークでは，配列
kunren_gazouや配列kensho_gazouを扱いましたが，これらの配列は
3次元でした。たとえば，配列kensho_gazouにshape命令を使うと，
(1000, 28, 28)という結果が出て3次元の配列であることがわかりました。
ところが，kensho_gazou[300]にshape命令

```
kensho_gazou[300].shape
```

を使うと，(28, 28)という出力が得られて2次元の配列であることがわかり
ます。そこで，kensho_gazou[300]も，同じ3次元の配列に拡張する必
要があります。そのためにはnp.expand_dims関数を使います。これは
NumPyの「次元（dimension）数を1つ増やす（expand）関数」で，次の
例のように

```
kenshosample=(np.expand_dims(kensho_gazou[300], 0 ))
```

カッコの中の第1引数に配列名を入れ，第2引数に何番目の次元を増やすか
の数字を入れます。この場合，配列の最初の次元を新たに増やす場合は0を
入れます。この例では，次元数を増やした配列をkenshosampleという配列
に代入しています。

　この配列にmodel.predictメソッドを施すプログラムをまとめると次
のプログラム5-2になります。

```
--------プログラム5-2----------------------------
# 検証用画像の確認
kensho_gazou.shape
kensho_gazou[300]
plt.imshow(kensho_gazou[300], cmap='gray')
plt.colorbar()
print('Kensho_gazou Label: ', np.argmax(kensho_label[300]))
print('¥n')

# 検証用画像の予測
kensho_gazou[300].shape
kenshosample=np.expand_dims(kensho_gazou[300], 0 )
yosoku_kekka = model.predict(kenshosample)
print('Yosoku_kekka (Vector): ', yosoku_kekka[0])
print('¥n')
print('Yosoku_kekka (Label): ', np.argmax(yosoku_kekka[0]))
----------------------------------------------
```

　プログラム5-2の**# 検証用画像の予測**では model.predict メソッドで予測し，左辺の yosoku_kekka という配列に代入します。この配列の0番のベクトルが結果です。その次の print 命令で予測結果をベクトル形式で表示します。さらにその次の print 命令では argmax 関数を使ってラベル（の数値）に変換し，表示します。

　これを実行すると，その出力は次のようになりました。

```
Kensho_gazou Label:   3

Yosoku_kekka (Vector):   [0.07161377 0.19690087 0.01461652
0.5055276  0.01984564 0.04870064 0.03986413
0.04814379 0.01960869 0.03517837]

Yosoku_kekka (Label):   3
```

　1行目は正解のラベルです。2行目は予測結果でベクトル形式の出力です。左端が0番の成分なので，大きい成分は1番目の0.19と3番目の0.50です。最後の行の出力は，ラベルの数値で示した予測結果で，ベクトルの中の最も

大きい成分として3番目を示しています。ラベルは「3」が正解なので，正しい答えが得られています。ほかにも異なる画像を試してみると面白いでしょう。およそ70％の精度で正解が得られるはずです。

5.10 モデルのロード

プログラム5-1の最後では，学習を終えたモデルを保存しました。保存したモデルをロードするには次の load_model メソッドを使います。

```
model=keras.models.load_model('Jijyou_heikin_ep20.h5')
```

これは学習済みのモデルなので，次のプログラム5-3のようにモデルをロードすれば，新たな学習無しに検証サンプルの予測結果が得られます（ライブラリーやデータセットのインポートは必要）。なお，1行目の del model は，稼働中のモデルを消去する命令です。稼働中のモデルがない場合は，エラーが出るので del model は消去するかコメント文に替えて下さい。

```
--------プログラム5-3----------------------------
# 稼働中のモデルの消去
del model
# 学習済みモデルのロード
model = keras.models.load_model('Jijyou_heikin_ep20.h5')

# モデルの検証
kensho_loss, kensho_acc = model.evaluate(kensho_gazou,
kensho_label, verbose=2)

# 検証結果
print('¥n')
print('Kensho loss:', kensho_loss)
print('Kensho accuracy:', kensho_acc)

# 300番の検証用画像の予測
```

```
kenshosample=np.expand_dims(kensho_gazou[300], 0 )
yosoku_kekka = model.predict(kenshosample)
print(yosoku_kekka[0])
print(np.argmax(yosoku_kekka[0]))
```

　これで一通りのディープラーニングの実践を経験してみました。いかが
だったでしょうか。意外に簡単だったと思う方もいれば，見慣れない関数や
メソッドがたくさん出てきてとまどったという方もいらっしゃることでしょ
う。ここで，おもしろいのは Google Colaboratory を使うと，うまく動く
こともあればエラーで止まることもありますが，どちらにしても何らかの応
答が得られることです。応答が得られるとゲーム的なおもしろさがあるの
で，操作にのめり込む方も少なくないことでしょう。そして，少しのめり込
むと操作方法はかなりわかってくると思います。筆者自身の体験を述べる
と，プログラム 5-1 に相当するチュートリアルなプログラムに接して Google
Colaboratory で動かすと，見慣れない命令やメソッドにも 3 日ぐらいで慣
れ親しむことができました。

5.11　Google Colaboratory の配列

　本章の最後で配列についての理解を深めておきましょう。配列の知識を深
めておくとプログラムの読解や操作にとても役に立ちます。
　配列は，スカラーやベクトルや行列，そしてテンソルをコンピューター内
に記憶するための箱のようなものです。そして，言うまでもありませんがプ
ログラムにとって配列は不可欠です。通常はプログラミング言語において配
列は何か難しい存在ではありません。しかし，Google Colaboratory で数値
計算ライブラリである NumPy を使う場合には，ややこしくなってちょっと
したパズルのようになります。というのは，まず Python が 3 種類の配列を
持っています。そして，Python の数値計算ライブラリである NumPy も独
自の形式の配列を持っています。そしてそれらの使い方には違いがありま

す。そしてプログラム中では，その配列がどれなのか，すぐにはわからない
ことが多々あります。筆者自身の個人的体験を述べると，何かを分類すると
きに，3 種類ぐらいまでは対応できますが，4 種類以上になると，頭の中が
混乱しがちになります。

　では，それらを紹介していきましょう。まず，Python の配列です。Py-
thon の 3 種類の配列には名前がついていて，それぞれ**リスト，タプル，辞書
（ディクショナリー）**と言います。辞書は本書のプログラムには登場しない
ので解説は割愛します。この 3 種のうちではリストが最も普通の配列に近い
と思います。ベクトルや行列を記号 a や b としてリストに定義する場合は，
次のように書きます。

ベクトル　　a = [0, 1, 2, 3, 4]

行列　　　　b = [[1, 2],[3, 4]]

リストを作る場合には，このように角括弧 [ ] を使います。そして，要素と
要素の間はコンマ “,” で区切ります。文字列型のデータも次の例のように可
能です。

　　　　　　c = ['青', '空', '海']

リストの特徴は，このように角括弧を使ってリストを作成できることです。
　次にタプルを見てみましょう。おそらくタプルという言葉になじみのない
方は多いことでしょう。Tuple（タプル）の訳は「組」です。ベクトルや行
列を記号 d や e としてタプルに定義する場合は，次のように書きます。

ベクトル　　d = (0, 1, 2, 3, 4)

行列　　　　e = ((1, 2),(3, 4))

タプルを作る場合には，このようにマル括弧 ( ) を使います。そして，要素
と要素の間はコンマ “,” で区切ります。文字列型のデータも次の例のように
可能です。

```
f = ('青','空','海')
```

タプルでは，おもしろいことにこの括弧の省略も可能です。たとえば，

```
d = 0, 1, 2, 3, 4

e = (1, 2),(3, 4)

f = '青','空','海'
```

とすることも可能です。

　リストの中にタプルを入れることやタプルの中にリストを入れることも可能です。たとえば，

　リストgとタプルdで，　　g=[0, 1, 2, 3, d]

や

　タプルhとリストaで，　　h=(0, 1, 2, 3, a)

が可能です。また，リストの中にリストを入れたり，タプルの中にタプルを入れられます。

　これらの要素には順番があって，左から0番，1番，2番と数えます。また，この番号を指定することによって配列の中の要素を取り出せます。たとえば，リストaの3番目の要素を表示したいときには，次のように書きます。

```
print( a[3] )
```

これをコードセルで（import numpy as np に続けて）実行すると2が表示されます。また，1番目の要素から3番目の要素まで表示させたい場合はコロン（:）を使って

```
print( a[1:4] )
```

とします。このときコロンの右の数字に気を付けましょう。このように [1:4] と書かれているときは，1番目の要素から3番目の要素が表示され

て，コロンの右の4番目は表示されないのです。また，次の例のようにコロンの左に数字が入っていない場合は，最初からの表示であることを意味します。

```
print( a[ :3] )
```

そして，次の例のようにコロンの右に数字が入っていない場合は，最後まで（最後の要素を含みます）の表示であることを意味します。

```
print( a[ 2:] )
```

次の例のようにコロンの左右に数字が入っていない場合は，すべての要素の表示を意味します。

```
print( a[:] )
```

さらに，次の例のようにマイナスの数字が入っている場合は，「後ろから数えた順番の要素」を意味します。

```
print( a[ 2:-1] )
```

このあたりは，ちょっとしたパズルに見えます。

　リストとタプルの違いは，要素の変更がリストでは可能ですが，タプルではできないことです。たとえば，リストでは

```
a=[0, 1, 2, 3, 4]
a[3]=6
print(a)
```

をコードセルで実行すると，2行目の命令によって3番目の要素a[3]に6が代入されて，画面には

```
[0, 1, 2, 6, 4]
```

と表示されます。しかし，タプルを使って

```
a=(0, 1, 2, 3, 4)
a[3]=6
print(a)
```

と入力すると，要素が変更できないので2行目でエラーが出ます。

　さて，NumPy配列を定義する場合は，リストやタプルと違って次のように np.array メソッドを使います。

ベクトル　　　p=np.array([0, 1, 2, 3, 4])

行列　　　　　q=np.array([[1, 2],[3, 4]])

　　　　　　　r=np.array(['青','空','海'])

print 命令を使って NumPy 配列を表示すると，

```
print(p)
```

画面には，

```
[0 1 2 3 4]
```

と表示されます。要素と要素の間はスペースのみで区切られていて，コンマなしで表示されます。

　ディスプレイ上での print 命令による表示の一例は，次のようになります。

```
リスト           [0, 1, 2, 3, 4]
タプル           (0, 1, 2, 3, 4)
NumPy配列（リスト型）   [0 1 2 3 4]
```

　なお，タプル型の NumPy 配列も存在しますが，本書では説明を割愛します。

5.12　appendとreshape

　リストやNumPy配列に新たな要素を加える命令がappendで，リスト
やNumPy配列の次元を替える命令がreshapeです。英語のappendの訳
は「付加する」とか「追加する」ですが，その言葉の通りの働きをします。
たとえば，aというリストに5を加えて表示する命令は次のようになります
（import numpy as npに続けてコードセルに入力して下さい）。

```
a=[0, 1, 2, 3, 4]
a.append(5)
print(a)
```

そして，実行するとこの出力は，

```
[0, 1, 2, 3, 4, 5]
```

となり，末尾に5が付加されています。
　append命令でもNumPy配列の場合は少し異なります。aというNumPy
配列に5を加えて表示する命令は次のようになります。np.appendに変わ
り引数に配列名（ここではa）も入れる必要があります。

```
a=np.array ([1, 2, 3, 4])
a=np.append(a, 5)
print(a)
```

そして，この出力は，

```
[0 1 2 3 4 5]
```

となります（NumPy配列なので要素の間にコンマがありません）。
　NumPy配列のappend命令で気を付けるべきことは2行2列の配列など
にappend命令を使うと，自動的に1次元の配列に変換されて，その1次元
配列の末尾に要素が付加されることです。これはPythonのリストやタプル
の場合と異なります。したがって，要素が付加された行列を必要によっては

reshapeを使って元の2行2列に変換し直す必要があります。例を示すと

```
b = np.array( [[1, 2],[3, 4]])
print('append前のb') # append前のbの表示
print(b)
b=np.append(b, 5)       # append命令で5を付加
print('append後のb') # append後のbの表示
print(b)
```

これをコードセルで実行すると出力は

```
append前のb
[[1 2]
 [3 4]]
append後のb
[1 2 3 4 5]
```

となります。append前の2行2列の配列が,append後には1次元の配列に変換されていることがわかります。

reshapeはNumPy配列の次元を変える命令です。たとえば次の1次元のNumPy配列aを3行2列の配列に変換するには次の例のようにreshapeを使います。

```
a=np.array ([1, 2, 3, 4, 5, 6])
a=a.reshape(3, 2)
print(a)
```

この2行目の右辺のように「変換する配列名a」に「.reshape」をつなげて,括弧の中の引数は「3,2」とすることで3行2列の配列に変換されます。この3行をコードセルで実行すると,出力は

```
[[1 2]
 [3 4]
 [5 6]]
```

となり,3行2列の配列になっていることが確認できます。

reshapeの引数を(3, 2)ではなく,(-1, 2)としても出力は先ほど

と同じように 3 行 2 列の配列になります。

```
a=np.array ([1, 2, 3, 4, 5, 6])
a=a.reshape(-1, 2)
print(a)
```

前節では，配列の中の「末尾から何番目かの要素」を取り出すときに「負の
数」を指定することがありました。しかし，reshape 命令の引数としての
「−1」の意味はそれとは異なっています。この 2 行目の reshape の 2 番目
の引数には「2」が入っているので「2 列の配列」への変換を指示しているこ
とがわかります。1 つ目の引数の「行」の指定に「−1」が入っているのです
が，この場合は「2 列の指定」を満たしたうえで「適切な行数」に変換して
くれます。この例では，元の 1 次元配列の要素数が 6 なので，列数が 2 に指
定されると行数は 3 でなければなりません。これを満たすように 3 行 2 列の
配列に変換してくれるのです。この「−1」は，配列の要素数が 100 とか 200
とかあって，何行に指定すればよいかすぐにはわからない場合などに役に立
ちます。

　ここで配列の話を詳しく説明したのは理由があります。それは，Keras の
model に数値データを入力する際には，配列の次元が一致していないとい
けないからです。これが異なっているとエラーが出て，原因探しに思わぬ時
間をとられたりします。

　なお，配列の次元と各次元の要素数を調べる命令は，すでに 5.9 節で見た
ように shape です。

　さて，配列の知識を補強したところで，次章では，本章で構築したニューラ
ルネットワークのモデルとプログラムのさらなる改良に取り組みましょう。

☕ *Column*　**Keras** って何？

　Keras は，プログラミング言語 Python を使ったニューラルネットワーク用プログラムのライブラリです。オープンソースなので誰でも使えます。本章で見たように，Keras を使えばかなり直感的にニューラルネットワークを構築できます。配列の要素と要素の計算などを細かく知らなくても使える極めて便利なツールです。

　この Keras という名前には，どのような意味があるのだろう？ と興味を抱く方もいらっしゃることでしょう。Keras の HP には，その語源が何であるかが書かれています。それによると，Keras はギリシア語の χέρας（角）にちなんでつけられたとのことです。ただし，ギリシア文字ではなくアルファベットに置き換えられています。

　どうして角なのかというと，古代ギリシアの叙事詩オディセイアに由来しているそうです。オディセイアの中に，夢の神オネイロイの話があります。オネイロイは夜に彼方から飛来するときに，「角の門」をくぐって町に入るときは「実現する夢」を眠り人にもたらし，「象牙の門」をくぐったときには「うその夢」をもたらすそうです。現代の Keras はその実現される夢をもたらす「角の門」にちなんだことになります。では，なぜ「角の門」が「実現する夢」をもたらして「象牙の門」が「うその夢」をもたらすかですが，これはギリシア語の言葉遊びとのことです。ギリシア語の「遂行」は χραίνω（kraíno）で χέρας（kéras）と似ていて，「象牙」のギリシア語 ἐλέφας（eléfas）は「欺瞞」の ἐλεφαίρομαι（elefaíromai）と似ているとのことです。

　Keras という単語は日本ではなじみがないように思われますが，子供のころなどに恐竜に詳しかった人には身近な言葉です。というのは，恐竜図鑑に載っている代表的な恐竜のトリケラトプス

(Triceratops) もギリシア語に由来しているからです。トリケラトプスは頭に3つの角を持っていますが，トリは3つでケラはこのケラスです（プスは顔を意味するオプス）。将来，Keras ライブラリがさらに発展して3倍の性能を持つようになると，名前がトリケラトプスに変わるかも……しれません。

Chapter 6

ニューラルネットワーク
のモデルの改良

──もっと使いやすく！ もっと便利に！──

6.1 Matplotlib による学習過程のグラフ化

ディープラーニングのモデルの構築と訓練，そして検証を体験しました。本章では，そのモデルとプログラムの改良に取り組みましょう。

損失値が減少する様子と正解率が増大する様子は，画面上の数値で確認できましたが，これをグラフ化できれば，学習の過程を視覚的にとらえられて便利でしょう。そこで，グラフ化してみましょう。グラフ化を行うプログラム 6-1 を以下に示します。前章のプログラム 5-1 の**# モデルによる訓練（学習）**以降を，このプログラム 6-1 で置き換えて下さい。

```
------プログラム 6-1-----------------
# モデルによる訓練(学習)
fit_kiroku = model.fit(kunren_gazou, kunren_label, epochs=20,
validation_data=(kensho_gazou, kensho_label) )

# 損失 (Loss) の変化をプロット
plt.plot(fit_kiroku.history['loss'], '-s', color='blue',
label='Kunren Loss', linewidth=2)
plt.plot(fit_kiroku.history['val_loss'], '-D', color='orange',
label='Kensho Loss', linewidth=2)
plt.title('LOSS (Sonshitsu)')      # タイトル
plt.xlabel('Epochs')               # x軸のラベル（ここではエポック数）
plt.ylabel('Loss')                 # y軸のラベル（ここでは損失値）
plt.legend(loc='upper right')      # 凡例(位置は右上)
plt.show()

# 正解率 (Accuracy) の変化をプロット
plt.plot(fit_kiroku.history['accuracy'], 'o-', color='green',
label='Kunren Accuracy', linewidth=2)
plt.plot(fit_kiroku.history['val_accuracy'], '-s', color='red',
label='Kensho Accuracy', linewidth=2)
plt.title('ACCURACY (Seikairitsu)')
plt.xlabel('Epochs')
plt.ylabel('Accuracy')
plt.legend(loc='lower right')
plt.show()
---------------------------------------
```

このプログラムの中身を見て行きましょう。グラフ化には，グラフ描画ラ
イブラリmatplotlibの命令を使います。グラフ化するには，**#モデルによる
訓練（学習）**のmodel_fitメソッドの記述の際に，左辺に次の例のように
「データを記録する配列fit_kiroku（任意の名前が可）」を置きます。

```
fit_kiroku = model.fit(kunren_gazou, kunren_label, epochs=20)
```

この配列には，損失値と正解率のデータが代入されます。次のように配列
名fit_kirokuに続けてhistoryを加えて，括弧 [ ] の中に'loss'と書
くと，

```
fit_kiroku.history['loss']
```

損失値の配列が得られます。同様にして，括弧 [ ] の中に'accuracy'と書
くと，

```
fit_kiroku.history['accuracy']
```

正解率の配列が得られます。
　そして，これらをグラフ化するには，plt.plotメソッドを使います。損
失値の変化をプロットするプログラムを以下に示します。カッコの中の第1
引数が先ほどの配列名です。

```
plt.plot(fit_kiroku.history['loss'], '-s', color='blue',
label='Kunren Loss', linewidth=2)
plt.show()
```

　同様に，正解率の変化をプロットするプログラムを以下に示します。カッ
コの中の第1引数が先ほどの配列名です。

```
plt.plot(fit_kiroku.history['accuracy'], 'o-', color='green',
label='Kunren Accuracy', linewidth=2)
plt.show()
```

ここでplt.plot命令のカッコの中の第2引数の'-s'や'o-'はグラフ中の

記号（マーカーやシンボルとも呼びます）と線を指定しています。ハイフンがあると記号と記号を結ぶ直線が描かれ，ハイフンが無いと直線は無く記号のみのグラフになります。記号の指定には以下のような取り決めがあり，この例の 's' の場合は，square（四角）の記号になります。'o' だと円になり，'*' だと星形になります。

表6-1　グラフのマーカーを指定する引数

'o', 'circle'	円
'v', 'triangle_down'	下向き三角形
'^', 'triangle_up'	上向き三角形
's', 'square'	四角形
'p', 'pentagon'	五角形
'*', 'star'	星
'+', 'plus'	十字
'x', 'x'	バツ型
'D', 'diamond'	ひし形
'd', 'thin_diamond'	細いひし形

また，color は色を指定し，linewidth は線幅を指定します。plt.plot メソッドの役目はグラフの中身を決めることです。グラフを実際に描画するには，plt.show() という命令を加える必要があります。

　グラフには，記号が何を表すのかを示す凡例（legend）やタイトル，そして横軸と縦軸のラベルなどの表記が必要です。そのために以下のような命令を plt.show() の前に入れます。

```
plt.title('LOSS (Sonshitsu)')    # タイトル
plt.xlabel('Epochs')             # x軸のラベル（ここではエポック数）
plt.ylabel('Loss')               # y軸のラベル（ここでは損失値）
plt.legend(loc='upper right')    # 凡例（位置は右上）
```

このプログラムの4行目の plt.legend の引数の loc='upper right'
は，凡例をグラフ内のどの位置（location：ロケーション）に置くかを指示
しています。upper right だと右上で，lower left だと左下，center
だと真ん中になります。

6.2　損失値のグラフ化

　前章のニューラルネットワークでは，6万枚の訓練画像を使って学習し，1
万枚の検証画像で性能を評価しました。「訓練画像による学習」のエポック
数ごとに損失値と正解率をプロットするとともに，検証画像での損失値と正
解率もプロットしてみましょう。検証画像を使って性能を評価するには，次
の例のように model.fit の引数の中に validation_data という配列を
指定します。validation の訳は検証です。カッコの中の引数では，検証
画像のデータセットの kensho_gazou と正解のラベルの kensho_label
を指定します。

```
fit_kiroku=model.fit(kunren_gazou, kunren_label, epochs=20,
validation_data=(kensho_gazou, kensho_label))
```

そして，次のように plt.plot でグラフ化します。先ほどの配列名 fit_
kiroku に続けて .history を書き加え，角括弧 [ ] の中に 'val_loss'
と書くと，検証画像の損失値の変化をプロットする命令になります。

```
plt.plot(fit_kiroku.history['val_loss'], '-D', color='orange',
label='Kunren Loss', linewidth=2)
```

同様に，角括弧 [ ] の中に 'val_accuracy' と書くと，検証画像の正解率
の変化をプロットする命令になります。

```
plt.plot(fit_kiroku.history['val_accuracy'], '-s', color='red',
label='Kunren Loss', linewidth=2)
```

　プログラム 5-1 を実行した後で，新たなコードセルにプログラム 6-1 をコ
ピーアンドペーストして実行すると，次の図 6-1 のようなグラフが得られま
す（同じ数値が得られるわけではありません）。プログラム 5-1 に続けてプ
ログラム 6-1 を実行しているので，実質的にはエポック数 21 から 40 まで実
行したことになります。

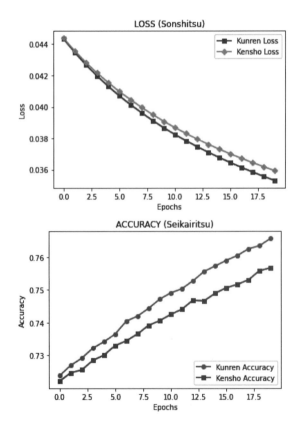

図 6-1　グラフで表した損失値（上図）と正解率（下図）の変化
（画像提供：Google）

この2つのグラフでは、訓練画像の損失値（Kunren Loss）は検証画像（Kensho Loss）より小さく、訓練画像の正解率（Kunren Accuracy）は検証画像（Kensho Accuracy）より大きいことがわかります。このように訓練データよりも検証データの損失値や正解率が劣るのが一般的です。ただし、この結果の差は大きくはなくて損失値の差は3%程度で、正解率の差は1.5%程度です。エポック数が増えるにつれて、訓練画像と検証画像の正解率はともに向上し、損失値もともに減少していきます。

今回のグラフとは違って、訓練画像と検証画像の正解率や損失値に大きな違いがあるときや、エポック数が増えるにつれて訓練画像では正解率が向上しても検証画像では正解率が向上しない場合などは、次に述べる**過学習**（Overfitting：**オーバーフィッティング**）が起こっている可能性があります。

ある一群のデータセットには、そのデータセットに固有の何らかの特徴があります。その固有の特徴に適合するようにニューラルネットワークが過度に学習した場合には、その固有の特徴を持たない別のデータセットでは正解率が下がります。たとえば、Fashion MNIST の6万枚の訓練画像と1万枚の訓練画像で比較的大きな正解率の差が出る場合には、両者のデータセットで異なる何らかの特徴があることになります。

しかし、ここで私たちがディープラーニングに期待していることは、「どちらのデータセットでも同じようにファッションの分類ができること」なので、特定のデータセットに過剰に適合することは望ましくありません。過学習とは、特定のデータセットに過剰に適合して学習してしまい、別のデータセットでは正解率が下がってしまうことです。どのデータセットでも同じ程度の正解率が得られるように学習した場合は、汎化性能が高いと表現します。

過学習を防ぐためには、確率的勾配降下法でも用いるミニバッチ処理やこの後で述べるドロップアウトが用いられます。

6.3　ドロップアウト

　過学習を防ぐ手段としてよく使われているのが**ドロップアウト**です。ドロップアウトとは，図6-2のようにノードを無作為（ランダム）に無効化することを意味します。dropout の訳は脱落です。

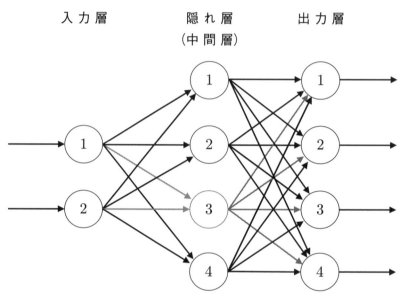

入 力 層　　　　　隠 れ 層　　　　　出 力 層
　　　　　　　　　（中 間 層）

図6-2　ドロップアウト　　　隠れ層のノード3は無効化されている。

過学習が起こるのはいずれかのノードが「過剰に適応する機能」を持っていることによって起こると考えられます。ドロップアウトによって，その過剰な適合が取り除かれると考えられています。

　ある隠れ層をドロップアウトする方法は Keras では簡単です。例えば，`keras.Sequential` の引数として

```
keras.layers.Dropout(0.2)
```

を書き込めば実現できます。カッコの中の0.2はドロップアウトするノード
の割合（ドロップアウト率と言います）を表していて，この0.2の場合は2
割がドロップアウトされることを意味します。プログラムでは，次のように
隠れ層にこの命令を挿入します（コメント文を含む5行目）。

```
model = keras.Sequential([
    keras.layers.Flatten(input_shape=(28, 28)),
    keras.layers.Dense(128, activation='sigmoid'),
    # Dropout 層
    keras.layers.Dropout(0.2),
    keras.layers.Dense(10, activation='softmax')
])
```

　ただし，検証データの検証の際はドロップアウトは行いません。このた
め検証では重みに $1-p$ をかける（p はドロップアウト率）場合が多いよう
です。

6.4　損失関数の選択

　次に，ニューラルネットワークのモデルの良否を最も大きく左右する損失
関数を見てみましょう。第2章で見たように，正解が0か1である分類問題
では，損失関数としては平均2乗誤差より，交差エントロピー誤差の方が優
れていると考えられます。そこで，プログラム5-1の# モデルの編集部分の
損失関数を平均2乗誤差の

```
        loss='mean_squared_error',
```

から，交差エントロピー誤差の

```
        loss='categorical_crossentropy',
```

に変えてみましょう。すると，計算結果の一例は次の図6-3のようになり
ます。

```
Epoch 20/20
1875/1875 [==============================] - 5s 3ms/step - loss: 0.4246 - accuracy: 0.8510
                                        - val_loss: 0.4560 - val_accuracy: 0.8362
```

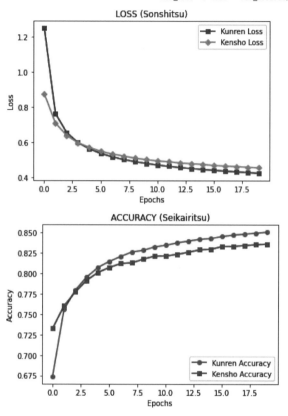

図6-3　訓練結果の一例（画像提供：Google）

　エポック数20で，訓練画像の正解率は85％を超えています。予想通り
交差エントロピー誤差を使うと，平均2乗誤差（エポック数20で正解率が
71％程度）よりも早く正解率が向上しています。また，検証画像の正解率も
83％を超えています。このように適切な損失関数を選ぶことは大事です。
　Kerasの損失関数には他に

```
mean_absolute_error
mean_absolute_percentage_error
mean_squared_logarithmic_error
squared_hinge
hinge
categorical_hinge
logcosh
categorical_crossentropy
sparse_categorical_crossentropy
binary_crossentropy
kullback_leibler_divergence
poisson
cosine_proximity
```

があります。損失関数を替えて正解率の向上にトライしてみるとおもしろいでしょう。損失関数の詳しい説明は，Keras Documentation（https://keras.io/ja/）で見られます。

　この中で，sparse_categorical_crossentropy という交差エントロピー誤差がありますが，これは categorical_crossentropy を代替できます。しかも，これを使う場合には，ラベルのワンホット化は不要です。よって，前章のプログラムでは，プログラム5-1の# ラベルをワンホットベクトルに変換の部分は不要になります。

6.5　Optimizer はどのようにオプティマイズするのか？

　モデルの改良において重要なのは，適切なパラメーター（重みとバイアス）をなるべく短い訓練（学習）時間で求めることです。したがって，適切な

Optimizer（オプティマイザ：最適化手法）を選ぶこともとても大事です。Optimize は「最適化する」という意味ですが，Keras の Optimizer には，次の表のように，第5章で紹介した SGD のほかに，RMSprop や Adagrad など，計8種類があります。

> SGD
>
> RMSprop
>
> Adagrad
>
> Adadelta
>
> Adam
>
> Adamax
>
> Nadam
>
> TFOptimizer

　使用にあたっては，適当に入れ替えて使ってみてトライアンドエラーで「短い計算時間で高い正解率に達するもの」を経験的に選ぶという方法もあります。しかし，オプティマイザの中身を少し理解しておくと，その選択が合理的で効率的になることでしょう。ここでは，基本的な考え方のエッセンスを見てみたいと思います。

　第3章で見た「勾配降下法で重みの最適化を図る場合」を思い出してみましょう。勾配降下法では，損失値 L を小さくするために，w の値を w_0 から変位 Δw だけずらして $w_0 + \Delta w$ にし，損失値を計算します。このとき損失値が小さくなっていけば，正しく計算できているので，これを繰り返すわけです。このとき重みの変位 Δw は，(3.2) 式にあるように傾き $\dfrac{d}{dw}L(w)$ にマイナスをかけて，さらに学習率 k をかけた値としました。

$$\Delta w = -k\frac{d}{dw}L(w) \tag{3.2}$$

ここでは，この繰り返しの計算の i 回目で使った重みを w_i とし，そこからの次の変位を Δw_i とし，この両者の和である次のステップでの重みを w_{i+1} と

します。また，(3.2) 式の中にある損失関数の微分を次式のように関数 $G(w_i)$ と書くことにします。

$$G(w_i) \equiv \frac{d}{dw} L(w_i) \tag{6.1}$$

(3.2) 式をもとにして Δw_i と $G(w_i)$ の関係を式で書くと次のようになります。

$$\Delta w_i = w_{i+1} - w_i = -k\,G(w_i) \tag{6.2}$$

ここまでは，第 3 章で見た最も簡単な勾配降下法のままです。この右辺の項を本書では**勾配降下項**と呼ぶことにします。

6.6 モメンタムはどう働く？

この最も単純な勾配降下法を改良する試みとして，(6.2) 式の右辺に**モメンタム**と呼ぶ付加的な項を加える方法があります。式で書くと

$$\Delta w_i = -k\,G(w_i) + m\Delta w_{i-1} \tag{6.3}$$

です。右辺の第 2 項がモメンタムの項です。モメンタムは「1 つ前の変位 Δw_{i-1}」に係数 m をかけた量で，通常は m は 1 より少し小さい正の小数を選びます。「1 つ前の変位」と同じ符号の変位（つまり，前と同じ方向への変位）を「次の変位」として加えることになるので，あたかも，物理学でいう慣性があるかのように変位が進んでいきます。Momentum の訳は慣性です。

具体的なケースとして，図 6-4 のような損失関数のグラフ上を右側の点 A から降下する場合を考えると，最小点 C の底に近づいて勾配が小さくなると (6.3) 式の右辺の第 1 項の勾配降下項が小さくなって，最小点に近い点 B から点 C に近づくのに時間がかかります。このとき第 2 項のモメンタムがあると，モメンタムが左に向かっての移動を助けてくれるので最小点への到達が早くなります。

また，最小点の近くで逆に勾配降下項が大きい場合には，図 6-5 のように点 P から点 Q へ最小点 C を飛び越えて左に跳んでしまうことがあります。

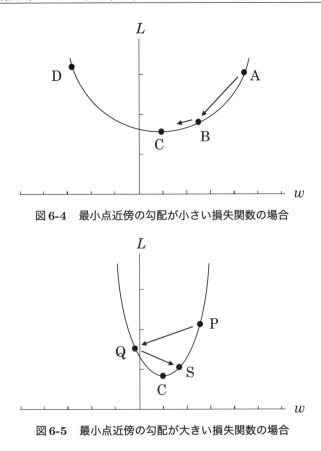

図6-4 最小点近傍の勾配が小さい損失関数の場合

図6-5 最小点近傍の勾配が大きい損失関数の場合

跳び越えてしまった場合には，今度は勾配の向きが逆の右下がりになるので変位は右に戻ろうとします。勾配降下項が大きい場合には，また，最小点Cを飛び越えて右側の点Sに到達してしまい，最小点の左右に何度も跳び越えて行き来し振動しながら降下することになります。その際，モメンタムは1つ前の変位と同じ方向に働くので，勾配降下項による変位に対して，モメンタムはブレーキとして働きます。したがって，最小点を飛び越える可能性を小さくします。また，仮に振動が起こってもブレーキとして働くので早く最小点に収束させる効果があります。これらがモメンタムに期待される働き

です。

Keras のオプティマイザでは，次の例のように SGD の引数として学習率 lr（学習率の英語 Learning Rate の頭文字です）とモメンタムの係数 momentum を指定できます。

```
# モデルの編集
model.compile(optimizer=keras.optimizers.SGD(lr=0.01, momentum
=0.8),
            loss='mean_squared_error',
            metrics=['accuracy'])
```

それに対して前章のプログラム 5-1 のようにオプティマイザの名称である'SGD' だけで指定した場合には，これらの学習率の値などは Keras であらかじめ定められた値（既定値）が用いられます。

```
model.compile(optimizer='SGD',
```

6.7　ネステロフのモメンタム――加速勾配法

このモメンタムをさらに改良する試みが，**ネステロフのモメンタム**です。さきほどの通常のモメンタムを使う方法では，w_i に (6.3) 式の変位 Δw_i を加えると w_{i+1} が得られます。式で書くと

$$w_{i+1} = w_i + \Delta w_i = w_i + m\Delta w_{i-1} - k\,G(w_i) \tag{6.4}$$

となります。また，プログラムのルーチンの次の計算のステップ（i が $i+1$ に進む）に進むと，Δw_{i+1} は (6.3) 式の i を $i+1$ に置き換えて，

$$\Delta w_{i+1} = -k\,G(w_{i+1}) + m\Delta w_i \tag{6.5}$$

となります。この右辺の第 1 項のカッコの中の w_{i+1} に (6.4) 式を代入すると

$$\Delta w_{i+1} = -k\,G(w_i + m\Delta w_{i-1} - k\,G(w_i)) + m\Delta w_i \tag{6.6}$$

となります。ここまでは，通常のモメンタムの手法で，(6.3) 式は左辺の Δw_i と右辺の Δw_{i-1} の関係を表す式で，(6.6) 式は1ステップ後の左辺 Δw_{i+1} と右辺の Δw_i の関係を表す式です。

ネステロフのモメンタムの手法では，この (6.6) 式の右辺の第1項（勾配降下項）のカッコの中の3つの項のうち，第2項までの2つの項（つまり，モメンタムは加えて勾配降下項を除いた）

$$w_i + m\Delta w_{i-1}$$

を，(6.3) 式の右辺の第1項の w_i に置き換えます。すると，

$$\Delta w_i = -k\, G(w_i + m\Delta w_{i-1}) + m\Delta w_{i-1} \tag{6.7}$$

となります。この式を (6.3) 式ならびに (6.6) 式と比べると，右辺の第1項の勾配降下項のカッコの中にモメンタムの項 $m\Delta w_{i-1}$ を1段階早く（Δw_{i+1} を計算する (6.6) 式の1ステップ前の Δw_i を計算する (6.3) 式のステップで）加えていることになります。このように計算のステップを加速するので，**ネステロフの加速勾配法**と呼ばれています。

6.8　別のアプローチ──Adagrad

モメンタムを使わない改良の試みもあります。そのうちの1つの **Adagrad** を紹介しましょう。Adagrad のフルスペルは adaptive gradient algorithm です。Adaptive は「適応性がある」とか「順応性がある」という意味ですから，**順応性勾配アルゴリズム**という意味になります。

損失関数の性質によっては，最小値に近づくにつれて変位を小さくする方が良い場合があります。図6-5のように最小点の両側に飛び越えて振動する場合などです。そこで，(6.2) 式の中の学習率 k を「計算のステップが進むにつれて大きくなる数 H_i」で次式のように割ることにします。

$$\Delta w_i = -\frac{k}{H_i} G(w_i) \tag{6.8}$$

こうすると，計算が進むにつれて Δw_i は小さくなるので，最小点を飛び越える可能性が小さくなります。では，H_i はどのように選ぶかですが，これは次式のように勾配降下のルーチンの各ステップでの傾き $G(w_j)$ の2乗を足して，そのルートをとります。

$$H_i \equiv \sqrt{\sum_{j=1}^{i}\{G(w_j)\}^2} \tag{6.9}$$

「2乗してルートをとる」というちょっと面倒な手続きをしているのは，傾きには正と負の両方があるからです。この (6.9) 式では，ルーチンのステップを進めるごとに，傾きの2乗がルートの中で加わり H_i が大きくなっていくので，(6.8) 式の変位はだんだん小さくなっていくというわけです。

　ただ，このままではまだ不具合があって，H_i がゼロの場合は (6.8) 式の分母がゼロになり，エラーが出てプログラムが止まります。そこでゼロにならないように小さな値 s（100万分の1とか）を加えます。

$$H_i \equiv \sqrt{\sum_{j=1}^{i}\{G(w_j)\}^2 + s} \tag{6.10}$$

6.9　RMSprop——Adagrad の改良

　Adagrad の欠点は，勾配降下の途中で損失関数の傾きが大きいところがあると，H_i が大きくなりすぎてその後の変位が極めて小さくなって計算が進まなくなる場合があることです。その対応として考えられたのが **RMSprop** です。RMSprop は Adagrad の H_i だけを変更します。まず，Adagrad の (6.10) 式のルートの中を次式のように h_i とおきます。

$$h_i \equiv \sum_{j=1}^{i}\{G(w_j)\}^2 = \{G(w_1)\}^2 + \{G(w_2)\}^2 + \cdots + \{G(w_i)\}^2 \tag{6.11}$$

この場合は同様に

$$h_{i-1} = \sum_{j=1}^{i-1}\{G(w_j)\}^2 = \{G(w_1)\}^2 + \{G(w_2)\}^2 + \cdots + \{G(w_{i-1})\}^2$$

なので，この2つの差をとると次の関係が得られます。

$$h_i - h_{i-1} = \sum_{j=1}^{i} \{G(w_j)\}^2 - \sum_{j=1}^{i-1} \{G(w_j)\}^2 = \{G(w_i)\}^2$$

$$\therefore \ h_i = h_{i-1} + \{G(w_i)\}^2 \tag{6.12}$$

ここまでは Adagrad ですが，RMSprop では，この (6.12) 式だけを次式のように変えます。

$$h_i = p\,h_{i-1} + (1-p)\{G(w_i)\}^2 \tag{6.13}$$

p は 0.9 から 0.99 程度の値を選びます。たとえば $p = 0.9$ の場合には

$$h_i = 0.9\,h_{i-1} + 0.1\{G(w_i)\}^2$$

となります。この場合は，係数 0.9 と 0.1 が右辺の第1項と第2項にそれぞれかかるので，第1項の「1つ前のステップまでの傾きの寄与」や第2項の「新たな傾きの寄与」が (6.12) 式に比べて小さくなります。したがって，途中で傾きの大きいところがあっても，勾配降下の計算のステップが進むにつれて古い傾きの寄与は小さくなり，変位の大きさももとに戻ってきます。

6.10　Adam──2つのアプローチのハイブリッド

オプティマイザとして，最もよく使われているものの1つは **Adam** です。Adam は Adaptive Moment Estimation の略称で，直訳すると順応性モーメント推定になります。ここまでで，モメンタムを使う方法と Adagrad のように (6.8) 式の右辺の分母を大きくする方法の2つを紹介しましたが，Adam はこの両者を組み合わせた方法です。Adam での重みの変位 Δw_i は次式で表されます。k は学習率です。

$$\Delta w_i = -\frac{k}{Q_i} R_i \tag{6.14}$$

この式は Adagrad の (6.8) 式と似ています。分母の Q_i は次式で表されて，

$$Q_i \equiv \sqrt{S_i} + s \tag{6.15}$$

この両式の右辺にある R_i と S_i は，それぞれ次の式を満たします。

$$R_i \equiv \frac{M_i}{1-p_1{}^i} \qquad (6.16)$$

$$S_i \equiv \frac{V_i}{1-p_2{}^i} \qquad (6.17)$$

そして，この2つの式の右辺にある M_i と V_i は，それぞれ次の式を満たします。

$$M_i = p_1 M_{i-1} + (1-p_1)\,G(w_i) \qquad (6.18)$$

$$V_i = p_2 V_{i-1} + (1-p_2)\,\{G(w_i)\}^2 \qquad (6.19)$$

この $G(w_i)$ は (6.1) 式と同じで損失関数の勾配です。ここで p_1 は 0.9 とし p_2 の値は 0.99 とするのが一般的です。

このように Adam の数式は少し複雑なので，数式の導出は割愛して，数式の性質にフォーカスします。まず，(6.19) 式に注目しましょう。これは RMSprop の (6.13) 式と同じです。

$$h_i = ph_{i-1} + (1-p)\,\{G(w_i)\}^2 \qquad (6.13)$$

この両式は，

"V_i と h_i ともに，1ステップごとに
右辺の第2項の「傾きの2乗の $G(w_i)^2$ の項」が加わり大きくなること"

を意味していて，$V_i = h_i$ であることがわかります。

続いて，「RMSprop の変位」を表す (6.8) 式の右辺に (6.10) 式と (6.11) 式を代入すると，(6.8) 式は

$$\Delta w_i = -\frac{k}{H_i}G(w_i) = -\frac{k}{\sqrt{\sum_{j=1}^{i}\{G(w_j)\}^2+s}}G(w_i) = -\frac{k}{\sqrt{h_i}+s}G(w_i)$$

$$(6.8)$$

となります。

　一方，「Adam の変位」を表す (6.14) 式の右辺に (6.15) と (6.17) 式を代入すると，(6.14) 式は

$$\Delta w_i = -\frac{k}{Q_i}R_i = -\frac{k}{\sqrt{S_i}+s}R_i = -\frac{k}{\sqrt{\frac{V_i}{1-p_2{}^i}}+s}R_i \tag{6.20}$$

となります。この２つの式の最右辺を比べて，h_i と V_i が変位 Δw_i にどのように影響を及ぼすかを見てみましょう。すると，h_i と V_i はともに分母のルートの中にあることは同じで，両者の違いは分母のルートの中の $1-p_2{}^i$ だけであることがわかります。p_2 の値が 0.99 の場合は，ステップ i が増えると $1-p_2{}^i$ の値はゆるやかにしか変わらないので，この (6.20) 式の最右辺の分母の中にある V_i は，RMSprop の (6.8) 式の分母の中の h_i と同じように働くことがわかります。つまり，ステップが進むにつれて (6.13) 式と (6.19) 式の効果によって「傾きの２乗 $G(w_i)^2$」の効果が蓄積するので h_i と V_i はともに大きくなり，その結果 (6.8) 式と (6.20) 式の最右辺の分母がだんだんと大きくなるので変位 Δw_i は小さくなります。ということで Adam の V_i は RMSprop とほとんど同じ働きをすることがわかります。

　続いて，「Adam の変位」を表す (6.14) 式に (6.16) 式を代入し，さらに (6.16) 式に (6.18) 式を代入すると (6.14) 式は

$$\Delta w_i = -\frac{k}{Q_i}R_i \tag{6.14}$$

$$= -\frac{k}{Q_i}\frac{M_i}{1-p_1{}^i} \tag{6.21}$$

$$= -\frac{k}{Q_i}\frac{p_1 M_{i-1}+(1-p_1)G(w_i)}{1-p_1{}^i}$$

$$= -\frac{k}{Q_i}\frac{1-p_1}{1-p_1{}^i}G(w_i) - \frac{k}{Q_i}\frac{p_1}{1-p_1{}^i}M_{i-1}$$

$$= -\frac{k}{Q_i}\frac{1-p_1}{1-p_1{}^i}G(w_i) - \frac{k}{Q_i}\frac{M_{i-1}}{1-p_1{}^i}p_1$$

となります。最下段の右辺の第２項の p_1 の前の係数は (6.21) 式の関係からほぼ Δw_{i-1} に等しいのでこれで置き換え，第１項の係数を以下の (6.23) 式のように U として定義すると

$$\Delta w_i \cong -kUG(w_i) + p_1\Delta w_{i-1} \tag{6.22}$$

$$\text{ただし,}\quad U \equiv \frac{1}{Q_i}\frac{1-p_1}{1-p_1{}^i} \tag{6.23}$$

となります。この (6.22) 式をモメンタムの働きを表す (6.3) 式と比較すると,

$$\Delta w_i = -kG(w_i) + m\Delta w_{i-1} \tag{6.3}$$

(6.22) 式の右辺の第 1 項は傾き $G(w_i)$ と学習率 k を含むので (6.3) 式の右辺の第 1 項の勾配降下項に対応し, 第 2 項は (6.3) 式の第 2 項と同じ形をしているのでモメンタムとして働くことがわかります。したがって, Adam はモメンタムの性質も持っていることになります。ということで, 「Adam はモメンタムと RMSprop の両方の手法を用いるハイブリッドなアプローチである」ことがわかります。

　オプティマイザを Adam に書き換えるには, 次のプログラムのように model.compile の中の引数で Adam を指定します。

```
# モデルの編集
model.compile(optimizer='Adam',
              loss='categorical_crossentropy',
              metrics=['accuracy'])
```

　計算結果の一例を図6-6に示します。

　エポック数20で, 訓練画像の正解率は93%になり, 検証画像の正解率も88%に達しています。どちらもオプティマイザを SGD にする場合よりも優れています。ただし, 検証画像の正解率の伸びは, エポック数が増えるごとに差が開いているので, 過学習が進んでいるようです。

　Adam 以外にもいくつかの手法があり, 今後も新しい手法が開発されることでしょう。扱う対象によってどれが適切であるかは異なるので, 実際にプログラムを走らせて試してみるとおもしろいでしょう。

　本章では, モデルとプログラムを改良する手段として, グラフ描画ライブラリ matplotlib を使った損失値と正解率のグラフ化, 損失関数として交差

```
Epoch 20/20
1875/1875 [==============================] - 4s 2ms/step - loss: 0.1885 - accuracy: 0.9299
                                            - val_loss: 0.3155 - val_accuracy: 0.8882
```

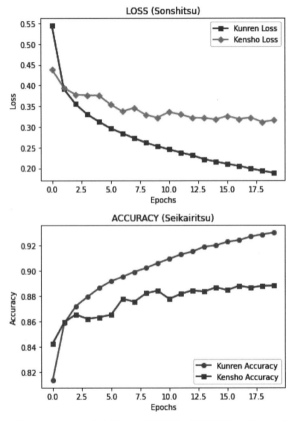

図6-6　**Adam** を用いた計算結果（画像提供：Google）

エントロピー誤差関数の使用，過学習を抑えるためのドロップアウト法，そしてオプティマイザについて学びました。次章では，ディープラーニングに大きな発展をもたらした畳み込みニューラルネットワークを見て行きましょう。

☕ *Column* CPU と GPU

　ディープラーニングの世界では，GPU という言葉をよく聞きます。この GPU とはいったい何だろうと思っている方もいらっしゃることでしょう。web で gpu で検索をかけると，パソコン用のグラフィックボードが画面にたくさん現れます。gpu のフルスペルは，

Graphics Processing Unit

なので，日本語に訳すと「画像処理ユニット」になります。

　パソコンにはもう 1 つ似たような単語の cpu という部品が使われていますが，こちらのフルスペルは

Central Processing Unit

で，日本語では「中央演算処理装置」と呼ばれています。パソコンのまさに心臓部の演算を行う LSI（大規模集積回路）を意味します。市販されている製品だとインテル社の CORE シリーズや AMD 社の RYZEN が市場を二分しています。

　画像処理は，CPU でも行えますが，一般に画像処理では膨大な数の画素値を処理する必要があります。それを CPU で処理しようとすると長い計算時間を要します。それよりも，画像処理に特化した演算処理装置を多数そろえて，並列で動くようにすれば画像処理の時間を短縮できるはずです。これが GPU です。GPU は画像処理に特化した演算処理装置を数千個持っています。ディープラーニングの計算では，行列を使う並列の計算がたくさんあるので，それを GPU の演算処理装置を使って並列で処理すれば計算時間を大幅に

短縮できます。これが，GPU がディープラーニングに使われるよう
になった理由です。パソコンの GPU は，NVIDIA 社の GeForce と
AMD 社の Radeon が市場を二分していますが，ディープラーニング
の演算に主に使われているのは NVIDIA 社の GPU です。

　グーグルコラボラトリーでは，図 6-7 のように上段の「ランタイ
ム」をクリックして「ランタイムのタイプを変更」とたどると「ノー
トブックの設定」というポップアップが現れるので，その中の「ハー
ドウェアアクセラレーター」の「None」を「GPU」に替えて「保存」
すると，GPU を使用できます。

GPU を使用するかしないかの計算時間の差は，プログラム 5-1 では
小さいのですが，次章の畳み込みニューラルネットワークを使うプ
ログラム 7-1 では 3 倍以上の差が出ます。

図 6-7　GPU の設定（画像提供：Google）

Chapter 7

畳み込みニューラル
ネットワーク

──謎の言葉「畳み込み」?──

7.1　画像の特徴を抽出する方法

　ディープラーニングを実行し，重みとバイアスが求められて，ファッションの分類が可能になりました。大きな前進です。しかし，新たな疑問が浮かんだ方もいらっしゃることでしょう。というのは，「ファッションを分類するニューラルネットワーク」を構築できたわけですが，「ではどうしてこれらの重みとバイアスがファッションの分類を可能にしているのか？」それが実はよくわからないのです。ニューラルネットワークがなんらかの特徴を手掛かりとして定量的にファッションを分類しているのは確かですが，その仕組みを定性的に説明することが難しいのです。そして，隠れ層が数十層以上ある複雑なニューラルネットワークになると，よけいに仕組みはわからなくなります。

　画像には様々な特徴があります。その特徴をうまく捉えて，効率的に分類を行うために考案されたのが**畳み込みニューラルネットワーク**です。畳み込みニューラルネットワークは，これから見るようにフィルターを使って特徴を抽出します。したがって，どのように分類しているかという手掛かりはフィルターから得られます。

　畳み込みニューラルネットワークでは，特徴を抽出するために画素数の少ない**フィルター**（**カーネル**とも呼びます）を使用します。次ページの図 7-1 の入力画像の画素数は $9 \times 9 = 81$ で，特徴抽出に用いるフィルターの画素数は $3 \times 3 = 9$ です。このフィルターの画像は X の形をしていて黒の画素の画素値は 0 で白の画素の画素値は 1 とします。「入力画像の画素の画素値」と「フィルターの画素の画素値」は**畳み込み**（Convolution：**コンボリューション**）の計算に用います。畳み込みは，次式のように入力画像の各画素の画素値 a_{ij} とフィルターの各画素の画素値 f_{ij} をかけ算し，その和をとります。次式は入力画像の左上端とフィルターの左上端が重なっている場合です。

$$y_{11} = a_{11}f_{11} + a_{12}f_{12} + a_{13}f_{13} + a_{21}f_{21} + a_{22}f_{22} + a_{23}f_{23}$$
$$+ a_{31}f_{31} + a_{32}f_{32} + a_{33}f_{33} + b$$

9画素

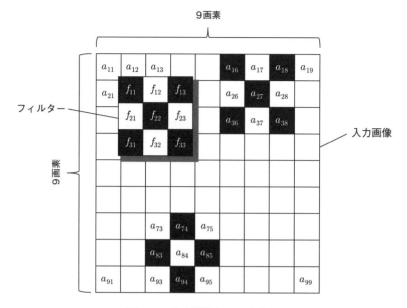

図 **7-1** 入力画像とフィルター

ここで，b はバイアスです。「フィルターの左上端の画素が，入力画像の画素 a_{ij} の位置にある場合」の出力が z_{ij} で，活性化関数 A を使って表すと

$$z_{ij} = A(y_{ij})$$

です。フィルターの画素値 f_{ij} とバイアス b はパラメーターであり，誤差逆伝播法で求められます。よって，3×3 画素のフィルターではパラメーターは 10 個になります。

　フィルターとの畳み込みは，左上から始めて，次に，右に数画素ずれた位置で畳み込みを計算します。この 1 回ごとに右（または下）にずれる画素数を**ストライド**と呼びます。英語のスペルは stride で，意味は歩幅です。フィルター内の右上の f_{13} 画素が，入力画像の画素 a_{19} と重なったところで右への移動は止まり，1 つのストライド分だけフィルターを下げてフィルターを左端に移します。そして，左端の画素とフィルターの f_{11} 画素が重なった位

置から畳み込みを計算し，ストライドごとに右にフィルターを移動させ畳み込みを計算していきます。横幅の広い Z を書くような動きをするわけです。

　もし，画像上にフィルターと同じパターン（図7-1では画素 a_{16} から a_{38}）があれば畳み込みの値は最大となり，画素値が反転したパターン（画素 a_{73} から a_{95}）があると畳み込みの値はゼロになります。場所が異なっていても同じパターンがあれば，活性の値に同じように反映されます。これは畳み込みニューラルネットワークの利点で，**移動不変性**または**位置不変性**と言います。そして，全結合のネットワークに比べてパラメーターの数を減らすことができます。特徴抽出のフィルターは X 以外にも様々なパターンがあり得ますが，Keras ではフィルターの最初のパターンは自動的に生成されます。

　この畳み込みニューラルネットワークは，英語では Convolutional Neural Network と書きます。頭文字だけをとって略すと **CNN** となり，これは言うまでもなくアメリカの著名なニュース専門のテレビ局と同じです。Keras で畳み込み層を加えるには，次のように model.add() メソッドを使います。

```
model.add( keras.layers.Conv2D(32, (3, 3), activation='relu',
input_shape=(28, 28, 1)))
```

カッコの中の Conv2D は，2次元（2-dimensional）の畳み込み層（convolution）を表しています。引数 32 は，設定するフィルターの種類を表しています。64種類や100種類に設定することも可能です。(3, 3) は 3×3 画素のフィルターを表します。活性化関数は ReLU です。Fashion-MNIST は，28×28 画素の 255 階調のグレースケール画像なので入力する配列は (28, 28, 1) になります。もしこれがカラー画像（RGB 画像）であれば，Red（赤），Green（緑），Blue（青）の 3 種類の画素値を持つので入力する配列は (28, 28, 3) になります。

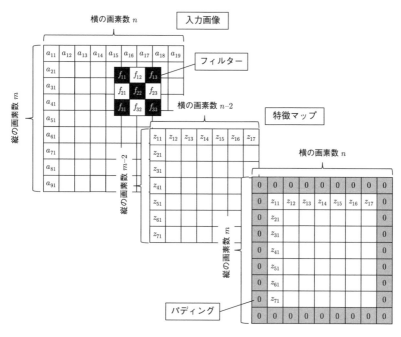

図 **7-2** パディング

7.2 パディング

　入力画像が $m \times n$ 画素である場合に，3×3 画素のフィルターを横方向と縦方向ともにストライド1で動かしたとすると，その畳み込みの計算結果は $(m-2) \times (n-2)$ 画素のデータになります。このデータを（出力）**特徴マップ**と呼びます。図7-1の場合には，特徴マップの画素数は，元画像より縦横ともに2ずつ減るので，この畳み込みを繰り返すと，特徴マップはだんだん小さくなっていきます。そこで，特徴マップの画素数の減少が望ましくない場合は，計算後の特徴マップのまわりに，図7-2のように「画素値ゼロの画素」を埋め込んで画素数の減少を防ぎます。これを**パディング**（Padding）と呼びます。

7.3　プーリング層

　画像の情報は莫大な大きさなので，その情報処理では計算量を減らし，効率よくのぞましい結果を得ることが求められます。計算量を減らすには，パラメーターの数を減らすことが効果的です。そして，パラメーターの数を減らすには画素数を減らすことが期待されます。このためには，「特徴の情報をなるべく保存しながら，画像情報を上手に圧縮する必要」があります。このために導入されたのが**プーリング**（Pooling）層です。

　プーリング層の概念を表したのが図7-3です。たとえば，畳み込みによって得られた「9×9画素の特徴マップ」があるとします。図7-3の各画素に書かれている数字は畳み込み演算の値です。この図のプーリング層では，元画像を3×3画素を1単位として，「元画像の9つの画素値のうちの最大値」を代表値とします。これを **MaxPooling** と呼びます。Pool の意味は「ためる」ですが，最大値だけをためこむわけです。プーリング層の代表値としては，最大値ではなく平均値をプールする方法もあります。

　プーリング層では，図7-3のように，元の9×9＝81画素の画像が3×3＝9画素，つまり9分の1の画素数の画像に変換されます。画素数は9分の1に削減できたわけで，計算の効率は大幅によくなります。また，プーリング層の9画素の中のどの位置に最大値があっても，その最大値を拾い上げられるので，「小さな位置ずれに強い」という利点もあります。ただし，プーリング層の画素数をいくらの大きさにすれば適切かは場合によって異なるので，トライアンドエラーでいくつかの大きさを試してみるのがよいでしょう。

　Keras でプーリング層を加えるには，次の例のように，model.add() メソッドを使います。

```
model.add( keras.layers.MaxPooling2D((2, 2)))
```

カッコの中の MaxPooling2D は，「2次元 (2-dimensional) 画像の最大値をとるプーリング」を表しています。(2, 2) はプーリング層の大きさが2×2画素であることを表しています。

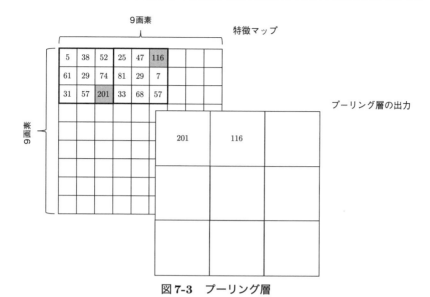

図**7-3** プーリング層

畳み込み層とプーリング層を使って Fashion-MNIST を分類するモデルの一例がプログラム 7-1 です。一組の畳み込み層とプーリング層の後にノード数 10 の全結合層が続きます。ただし，プーリング層の出力は Flatten メソッドによって 1 次元データに変換されてから全結合層に入力します。

```
------プログラム 7-1---------------
# モデルの構築
model = keras.Sequential()
model.add( keras.layers.Conv2D(32, (3, 3), activation='relu',
input_shape=(28, 28, 1)))
model.add( keras.layers.MaxPooling2D((2, 2)))

model.add( keras.layers.Flatten())
model.add( keras.layers.Dense(10, activation='softmax'))
----------------------------------------------------------
```

プログラム 5-1 の **# モデルの構築**の部分をこれで置き換えれば，畳み込みニューラルネットワークとして働きますが，さらに損失関数をクロスエント

ロピーとし，オプティマイザを Adam として正解率などのグラフ描画を加え
たのがプログラム 7-2 です。

```
------------プログラム 7-2------------------------------------
# TensorFlow と Keras のインポート
import tensorflow as tf
from tensorflow import keras

# NumPy と matplotlib のインポート
import numpy as np
import matplotlib.pyplot as plt

# fashion_mnist のデータセットのロード
(kunren_gazou, kunren_label), (kensho_gazou,
kensho_label)= keras.datasets.fashion_mnist.load_data()

# ラベルをワンホットベクトルに変換します
from keras.utils.np_utils import to_categorical
kunren_label = to_categorical(kunren_label, num_classes=None)
kensho_label = to_categorical(kensho_label, num_classes=None)

# データセットを正規化します
kunren_gazou = kunren_gazou / 255.0
kensho_gazou = kensho_gazou / 255.0

# モデルの構築
model = keras.Sequential()
model.add( keras.layers.Conv2D(32, (3, 3), activation='relu',
input_shape=(28, 28, 1)))
model.add( keras.layers.MaxPooling2D((2, 2)))

model.add( keras.layers.Flatten())
model.add( keras.layers.Dense(10, activation='softmax'))

# モデルの要約 (Summary)
model.summary()

# モデルの編集
model.compile(optimizer='Adam',
```

```
        loss='categorical_crossentropy',
        metrics=['accuracy'])
```

モデルの訓練(学習)
```
fit_kiroku = model.fit(kunren_gazou,  kunren_label, epochs=20,
validation_data=(kensho_gazou, kensho_label) )
```

モデルの保存
```
model.save('Tatamikomi_ep20.h5')
```

損失 (Loss)の変化をプロット
```
plt.plot(fit_kiroku.history['loss'], '-s', color='blue',
label='Kunren Loss', linewidth=2)
plt.plot(fit_kiroku.history['val_loss'], '-D', color='orange',
label='Kensho Loss', linewidth=2)
plt.title('LOSS (Sonshitsu)')
plt.xlabel('Epochs')
plt.ylabel('Loss')
plt.legend(loc='upper right')
plt.show()
```

正解率 (Accuracy)の変化をプロット
```
plt.plot(fit_kiroku.history['accuracy'],'o-', color='green',
label='Kunren Accuracy', linewidth=2)
plt.plot(fit_kiroku.history['val_accuracy'], '-s', color='red',
label='Kensho Accuracy', linewidth=2)
plt.title('ACCURACY (Seikairitsu)')
plt.xlabel('Epochs')
plt.ylabel('Accuracy')
plt.legend(loc='lower right')
plt.show()
```

　次の図7-4は，この「一組の畳み込み層とプーリング層を使うモデル」の サマリーの出力です。左の列が各層の名称です。上から，conv2d_1 が畳 み込み層で，max_pooling2d_1 がプーリング層で，flatten_1 がデー タを1次元化する層で，dense_1 が全結合の出力層です。Output Shape の列を見ると，畳み込み層は (None, 26, 26, 32) と表記されています。

```
Model: "sequential_1"

_____
Layer (type)                 Output Shape              Param #
=================================================================
conv2d_1 (Conv2D)            (None, 26, 26, 32)        320

max_pooling2d_1 (MaxPooling  (None, 13, 13, 32)        0
2D)

flatten_1 (Flatten)          (None, 5408)              0

dense_1 (Dense)              (None, 10)                54090

=================================================================
Total params: 54,410
Trainable params: 54,410
Non-trainable params: 0
```

図 7-4　一組の畳み込み層とプーリング層を使うモデルのサマリーの出力

　これは出力データの配列が 4 次元であることを示していて，ただし，最初の次元の要素数が指定されていない（None）ことを示しています。2 番目と 3 番目の要素数は 26 で，これは元画像が 28×28 画素であったので，3×3 画素のフィルターで畳み込みをとると，図 7-2 の特徴マップと同様に，その出力は 2 画素分が減って 26×26 画素になることによります。そして，Output Shape の 4 つめの要素数が 32 ですが，これはフィルターの数を示しています。プーリング層の Output Shape は (None, 13, 13, 32) となっていますが，これは 13×13 画素の出力を表していて，26×26 画素の入力を「2×2 画素の単位」で図 7-3 と同様にプーリングしたことによります（ただし，図 7-3 は「3×3 画素単位」のプーリングでした）。パラメーターの総数は 54,410 なので 5 章の全結合層のネットワークの 101,770（図 5-2）の約半分です。

　図 7-5 は計算結果の出力例です。エポック数 20 で，訓練画像の正解率は 95% を超えており，検証画像の正解率も 90% に達しています。畳み込みを使わない図 6-6 の場合に比べてともに向上しています。訓練画像と検証画像

```
Epoch 20/20
1875/1875 [==============================] - 8s 4ms/step - loss: 0.1248 - accuracy: 0.9557
                                         - val_loss: 0.3069 - val_accuracy: 0.9028
```

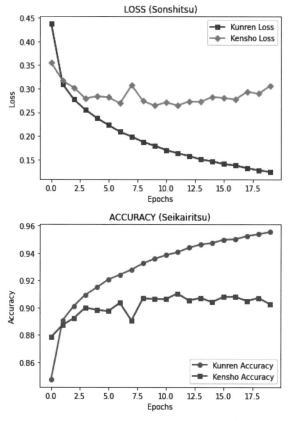

図 **7-5**　畳み込み層とプーリング層を使った計算例（画像提供：Google）

　の正解率の伸びは，エポック数が増えるごとに差が開いているので，過学習
が進んでいるようです。一方で，計算時間を見ると，図7-5の計算結果の中
に「8s」という数字が見えますが，これは1エポック当たりの計算時間が8
秒（second）であることを示しています。畳み込みを使わない図6-6の場合
では，計算時間は4秒（4s）なので，約2倍長くかかるように見えます。実

は，図7-5の計算ではCPUではなくGPUに切り替えていて（第6章のコラムをご覧ください），CPUで計算すると1エポックあたり29秒かかります。なので図6-6の場合より7倍長い計算時間を要することになります。

　この例では，畳み込み層とプーリング層はこの1組ですが，画素が多く複雑な画像では，これを複数組使うのが一般的です。

7.4　どのようなフィルターが働いているのか？

　前章までの全結合のディープラーニングでは，「なぜ分類できるのかがよくわからない」と述べました。あるいは，もう少し正確に表現すると，「どのような特徴をとらえて分類しているのかがわからない」と言えます。ところが畳み込みニューラルネットワークでは，フィルターを使うので，どのようなフィルターが使われているのかはわかります。そこで，フィルターを見てみましょう。プログラム7-2を実行した後で，次のプログラム7-3を実行すればフィルターを可視化できます。

```
------- プログラム7-3 ---------------------------
# 配列layer_infoにmodelのlayerの情報を読み込む
for layer_info in model.layers:
    # layerの名称にconvを含むlayerをピックアップする
    if 'conv' in layer_info.name:
        # layerの重みとバイアスを配列に代入する
        omomi, bias= layer_info.get_weights()

        # 重みの値を正規化する
        w_min, w_max = omomi.min(), omomi.max()
        filter_omomi = (omomi - w_min) / (w_max - w_min)
        print(filter_omomi.shape)
        filter_No=6   # 表示するフィルターの数

        for i in range(filter_No):
            ax= plt.subplot(2, 3, i+1 )
            ax.set_xticks([])
            ax.set_yticks([])
```

```
        plt.imshow( filter_omomi[:, :, 0, i], cmap='gray')
        plt.colorbar()
    plt.show()
```

プログラムの中身を見て行きましょう。最初の

```
for layer_info in model.layers:
```

は，for ループの一種です。第2章で登場した for ループの一例は，

```
for w1 in range(-2, 3):
```

というもので，range の引数で指定された -2 から $+2$ までの整数を順番に変数 w1 に代入するものでした。ここで，range の代わりに文字型データの配列（リストやタプル）を置くと，変数 w1 には配列の要素の文字型データが順番に1つずつ代入されます。次の for ループのプログラム例を見て下さい。Kisetsu というリストを定義して（要素は，Haru, Natsu, Aki, Fuyu），その中の要素を for ループを使って順番にプリントします。

```
Kisetsu = ['Haru', 'Natsu', Aki', 'Fuyu']
for w1 in Kisetsu:
  print(w1)
```

これを実行すると，出力は

```
Haru
Natsu
Aki
Fuyu
```

となります。プログラム 7-3 では，model.layers は，model の層の情報を読み込んだ文字型データの配列です。これを変数 layer_info（名称は任意）に順番に読み込んでいきます。

その次は if 文です。

```
if 'conv' in layer_info.name:
```

`layer_info.name` は各層の名称の文字型データを与えます。この名称に畳み込みを意味する `conv` が含まれていると，その次の行以降の「インデントが右にずれている行」が実行されます。このようにして畳み込み層を選びます。

次の

```
omomi, bias= layer_info.get_weights()
```

は，配列 `layer_info` から，重みとバイアスの値をそれぞれ配列 `omomi`（名称は任意）と配列 `bias`（名称は任意）に読み込む `get_weights` メソッドです。

さらにその次の行の

```
w_min, w_max = omomi.min(), omomi.max()
```

において，右辺は，配列 `omomi` の最大値と最小値を拾いあげる命令で，そのそれぞれが左辺の変数 `w_min` と `w_max` に代入されます。その次の行の

```
filter_omomi = (omomi - w_min) / (w_max - w_min)
```

は，右辺で配列 `omomi` のデータを正規化しています。NumPy の配列の計算では，他のプログラミング言語とは違って，配列の中の要素の加減乗除の式を書かなくても，このように配列全体の加減乗除の形で数式を書けば中の要素も同じように計算されるので便利です。この右辺の計算結果は左辺の配列 `filter_omomi`（名称は任意）に代入されます。

その次の `filter_No=6` は書き出すフィルターの数で，ここでは 6 個にしています。また，`for i in range(filter_No):` は，変数 `i` を 0 から 5 まで 1 ずつ変える `for` 文です。

```
plt.subplot(2, 3, i+1 )
```

は，小さく区切った複数の描画用の枠（スペース）を作る命令で，カッコの
中の引数は，枠の行数と列数，そしてその何番目の枠にプロットするかを指
示します。この場合は，2行3列の枠を作ります。

　`plt.imshow`は，Pyplotの描画メソッドで，配列`filter_omomi[:, :,
0, i]`の画素値を描画します。コロン「`:`」のみの場合は，その要素のすべ
てを描画します。`[ ]`の中は，左から3×3画素のフィルターの画素の行，
その次は画素の列を表し，グレースケール画像の場合は3番目は0にします。
4番目の`i`はフィルターの番号です。`cmap='gray'`は，グレースケールの
描画を指示し，これを削ると（グレースケールの画像でも）カラー化されて
描画されます。

　`plt.colorbar()`は，その名の通りで，画素値の大小をカラーバーで表
示します。そして，最後の`plt.show()`命令がないと画面には何も表示さ
れません。図7-6が学習の後のフィルターの画像例です（フィルター画像あ
訓練ごとに異なります）。学習前のフィルターを見るには，プログラム7-3
をプログラム7-2の`# モデルの訓練（学習）`の前に置けば得られます。

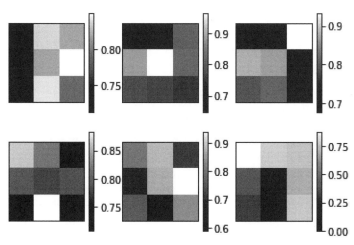

図7-6　畳み込み層のフィルター（32個中の6個）

　図7-6では，画素値が1に近いほど白に近くなり，0に近づくほど黒に近くなります。これらのフィルターに人間にも認識しやすい特徴があるでしょうか。筆者が気付くのは，左上のフィルターと右下のフィルターの特徴です。左上のフィルターは左端の黒の一列が特徴的で，まん中と右の「縦の列」は相対的に白くなっています。元画像の中に「左が黒」で「右が白」の縦長の境界のような部分があると，この左上のフィルターとの畳み込みの値が大きくなります。なので，この左上のフィルターは縦長の白と黒の境界を拾い上げる働きをすると考えられます。また，右下のフィルターは，右の「縦一列」と最上部の「横一行」が白いことが特徴的で，「右上に白い角」を作っています。元画像の中に「右上が白い角」に似た部分があると，この右下のフィルターとの畳み込みの値が大きくなります。よって，この右下のフィルターは「右上が白い角」を特徴として拾い上げる働きをすると考えられます。

　畳み込みニューラルネットワークの利点の1つは，それまではブラックボックスだった「ニューラルネットワークによる判定の方法」が，このように個々のフィルターを見られるようになったので，どのような特徴を捉えて判定しているのかということが多少なりとも推測できるようになったことです。ただし，フィルターの解釈には限界もあって図7-6の他の4つのフィルターでは，その働きを直感的にとらえられないものもあります。

　この「人間が直感的に捉えられず解釈できないこと」は，欠点ではありますが，実は同時に長所でもあります。というのは，人間が今まで気づかなかった何らかの特徴を捉えている可能性が高いからです。本章のコラムで，AIと人間の碁と将棋の対局を取り上げていますが，碁と将棋についてはすでにAIの方が人間より強くなっています。AIは，これまでの定石にとらわれず人間が気付かなかった新たな戦法を生み出しています。筆者としては，おそらく遠くない将来に「AIが何を基準として判定しているか」を，AIが人間にやさしく教えてくれるようになるのではと期待しています。

7.5 手書き数字の認識は？

　MNIST のファッション画像のデータを使ってディープラーニングによる画像認識を学んできました。MNIST には，ファッション画像の他に手書き数字のデータセットもあります。そこで，この手書き数字の画像認識に CNN を使ってみましょう。MNIST の手書き数字のデータセットは，画素数が $8 \times 8 = 64$ ピクセルで，画素値は 256 階調のグレースケールです。したがって，画像の様式は Fashion-MNIST とまったく同じです。また，画像の数も訓練画像が 6 万枚で検証画像が 1 万枚です。手書き数字のクラス数も 0 から 9 までの 10 なので，Fashion-MNIST と同じです。したがって，Fashion-MNIST と手書き数字のプログラムは，データセットの読み込みの違いを除けば，まったく同じでも稼働します。

図 7-7　MNIST の手書き数字のデータの例

　プログラム上でのデータセットの読み込みの違いはわずかで，プログラム 5-1 やプログラム 7-2 の **# fashion_mnist** のデータセットのロードの部分で，右辺の

```
keras.datasets.Fashion_mnist.load_data()
```

から Fashion をとって

```
keras.datasets.mnist.load_data()
```

とすれば，MNIST の手書き数字のデータセットが読み込めます。以下の

プログラム 7-4 は, このデータセットのロードの部分を修正した畳み込み
ニューラルネットワークです。

```
--------プログラム 7-4------------------------------
# TensorFlow と Keras のインポート
import tensorflow as tf
from tensorflow import keras

# NumPy と matplotlib のインポート
import numpy as np
import matplotlib.pyplot as plt

# fashion_mnist のデータセットのロード
(kunren_gazou, kunren_label), (kensho_gazou, kensho_label)= keras
.datasets.mnist.load_data()

# ラベルをワンホットベクトルに変換します
from keras.utils.np_utils import to_categorical
kunren_label = to_categorical(kunren_label, num_classes=None)
kensho_label = to_categorical(kensho_label, num_classes=None)

# データセットを正規化します
kunren_gazou = kunren_gazou / 255.0
kensho_gazou = kensho_gazou / 255.0

# モデルの構築
model = keras.Sequential()
model.add( keras.layers.Conv2D(32, (3, 3), activation='relu',
input_shape=(28, 28, 1)))
model.add( keras.layers.MaxPooling2D((2, 2)))

model.add( keras.layers.Flatten())
model.add( keras.layers.Dense(10, activation='softmax'))

# モデルの要約 (Summary)
model.summary()

# モデルの編集
model.compile(optimizer='Adam',
```

```
                       loss='categorical_crossentropy',
                       metrics=['accuracy'])
```

モデルによる訓練(学習)
```
fit_kiroku = model.fit(kunren_gazou,  kunren_label, epochs=5,
validation_data=(kensho_gazou, kensho_label) )
```

損失 (Loss) の変化をプロット
```
plt.plot(fit_kiroku.history['loss'], '-s', color='blue',
label='Kunren Loss', linewidth=2)
plt.plot(fit_kiroku.history['val_loss'], '-D', color='orange',
label='Kensho Loss', linewidth=2)
plt.title('LOSS (Sonshitsu)')
plt.xlabel('Epochs')
plt.ylabel('Loss')
plt.legend(loc='upper right')
plt.show()
```

正解率 (Accuracy) の変化をプロット
```
plt.plot(fit_kiroku.history['accuracy'],'o-', color='green',
label='Kunren Accuracy', linewidth=2)
plt.plot(fit_kiroku.history['val_accuracy'], '-s', color='red',
label='Kensho Accuracy', linewidth=2)
plt.title('ACCURACY (Seikairitsu)')
plt.xlabel('Epochs')
plt.ylabel('Accuracy')
plt.legend(loc='lower right')
plt.show()
```

　計算結果は，以下のようになり，エポック数5で訓練画像と検証画像とも
に98%を超える高い正解率が得られています。これは「ファッション画像
に比べて手書き数字の画像の方が直感的にも簡単な構造に見える」という印
象に合致しています。

```
Epoch 5/5
1875/1875 [==============================] - 8s 5ms/step - loss: 0.0442 - accuracy: 0.9868
                                      - val_loss: 0.0559 - val_accuracy: 0.9812
```

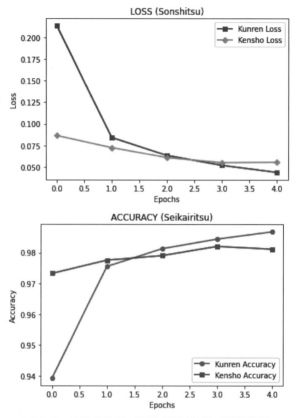

図 7-8 MNIST 手書き数字の認識の訓練結果 (画像提供：Google)

7.6 自分が書いた手書き数字を正しく認識するか？

手書き数字を認識するニューラルネットワークができたので，「自分が書いた数字」を正しく認識するのか試してみたくなった方もいることでしょ

う。早速試してみましょう。

　まず，手書き画像を作ってみましょう。Windowsパソコンの場合は最初に「ペイント」アプリを開いてください（MACの方は類似の描画アプリを使ってください）。次に，図7-9のように画像の右下をクリックして適当に小さくします。そして，上部の「鉛筆」をクリックして，数字を書きます。その際，「線の幅」は太くする方が良いでしょう。

　数字が書けたらPC内のデスクトップなどにjpg画像かpng画像としてセーブします（左上の「ファイル」→「名前を付けて保存」）。ファイル名は任意でここではgazo7.jpgにしました。

　次に，Google Colaboratoryから，この画像を読み込みます。図7-10のようにColaboratoryのページの左端の<>のマーク（左下の場合もあります）をクリックして，その右（のどこか）に開いた窓から「Open files from your local file system」を選びます。すると新しいコードセルが開くので，その三角マークをクリックして実行します。すると，図7-10の右下部のように「参照...」ボタンが現れるので，それをクリックして，さきほどセーブしたgazo7.jpgを選びます。これで画像が読み込まれます。

　続いて，プログラム7-5を新たなコードセルにペーストして実行します。

図7-9　ペイントアプリによる手書き数字画像の作成

図7-10　画像ファイルの読み込み画面（画像提供：Google）

（丸付き数字はクリックの順番を表しています）

```
--------プログラム7-5----------------------------------
import numpy as np
import matplotlib.pyplot as plt

from PIL import Image              # PILからImageメソッドをインポート
gazo7 = Image.open('gazo7.jpg')   # jpg画像の読み込み
gazo7 = gazo7.convert('L')        # グレースケール画像への変換
gazo7 = gazo7.resize((28, 28))    # 28×28画素にリサイズ
gazo7np = np.array(gazo7)         # NumPy配列に変換
gazo7np = gazo7np/255.0           # 画像データの正規化
gazo7np = 1-gazo7np               # 白黒反転
plt.imshow(gazo7np, cmap='gray')
----------------------------------------------
```

　このプログラム7-5は，jpg画像を読み込んでMNISTの手書きデータと同じ形式にデータを変換するためのプログラムです。プログラム7-5で読み込むjpg画像データは，カラー画像であり，また画素数は28×28画素ではありません。これをグレースケールの画像に変換し，かつ，画素値を正規化し，さらに白黒が逆なので反転させ，画素数を28×28画素に変換する必要があります。また，配列はNumPy配列に変換します。

　プログラム7-5の1行目のnumpyのインポートと，2行目のmatplotlib.

pyplot のインポートは，このプログラムの前にすでに実行している場合
は不要です。3行目は，画像処理のライブラリの **PIL**（元の名称は Python
Image Library で今は Pillow と呼びます）から Image メソッドをインポー
トします。4行目は，Pillow の Image メソッドで画像データを開く open
命令です。左辺の gazo7（名称は任意）の配列に読み込みます。ペイント
アプリで作った gazo7 の画像データはカラー画像なので，5行目の右辺の
convert 命令でグレースケールの画像に変換します。引数をこのように'L'
と指定するとグレースケールに変換され，L ではなく 1 にすると白黒（二
色のみの）画像に変換されます。6行目の resize 命令では，画像データを
MNIST の手書きデータと同じく 28×28 画素の画像に変換します。7行目の
右辺の np.array 命令では，配列 gazo7 を NumPy の配列に変換し，左辺
の gazo7np（名称は任意）配列に代入しています。8行目では，画素値を
255 で割って正規化します。そして，9行目では，1 から画素値を引いて画
像の白黒を反転させています。これで，プログラム 7-4 のニューラルネット
ワークにほぼ適合した入力データに変換されました。

　続いてプログラム 7-6 を実行します。プログラム 7-6 の 1 行目では，プログ
ラム 5-2 と同様に配列の次元を拡張しています。2 行目の model.predict
命令を使って予測し，3 行目で予測結果を配列（ベクトル形式）で表示しま
す。この予測結果はワンホットベクトルになっていることが予想されるの
で，4行目では配列の中の最大値が何番目であるか（出力ベクトルの最初の
成分は 0 番）を argmax メソッドで調べて print 命令で表示します。この
数値が，元の数字に対応していれば正解が得られたことになります。

```
------プログラム 7-6------------------
kenshosample=np.expand_dims(gazo7np, 0 )
yosoku_kekka = model.predict(kenshosample)
print('Yosoku kekka (Vector): ', yosoku_kekka)
print('Yosoku kekka (Label): ', np.argmax(yosoku_kekka))
----------------------------------------
```

　予測結果は次のようになり，正解の 7 が得られました。自分の手書き数字

を認識させるのはおもしろい体験ですね。

```
Yosoku kekka (Vector):
[[4.7440897e-03 3.4965465e-03 1.1400862e-01 6.1401636e-03
2.2199154e-06 4.1265036e-03 1.3794118e-04 8.6337370e-01 2.4498461
e-03 1.5204189e-03]]
Yosoku kekka (Label):  7
```

7.7 Kerasが保有するデータセット

　Fashion-MNISTとMNIST手書き数字データベースを使いましたが，Kerasは他にも以下のようなデータセットを保有しています。これらはディープラーニングの実習や新たな手法の開発に広く使われています。

　　CIFAR10画像分類
　　CIFAR100画像分類
　　IMDB映画レビュー感情分類
　　ロイターのニュースワイヤー・トピックス分類

このうちCIFAR10画像分類とCIFAR100画像分類は画素数32×32のカラー画像で，ともに5万枚の訓練画像と1万枚の検証画像で構成されています。前者と後者の違いは，クラス数で，前者のクラス数は10で，後者のクラス数は100です。

　CIFAR10画像分類の読み込みの命令は，以下のようなものです。

```
from keras.datasets import cifar10
(x_train, y_train), (x_kensho, y_kensho) = cifar10.load_data()
```

ここで，`x_train`は，コードセルで`x_train.shape`を実行すると

```
(50000, 32, 32, 3)
```

が表示されるので32×32画素で3色RGBの画像です。また，`y_train`と

y_kensho はラベルで，0 から 9 までの整数です。

　Keras 以外にもオープンな画像データベースがあり，非営利の研究や教育目的には 1,400 万もの画像を分類した ImageNet が利用できます。

7.8　畳み込みニューラルネットワークと ImageNet

　ここまでに見たように，畳み込みニューラルネットワークは，比較的小さな画素数のフィルターを用いて，画像の特徴を位置の影響をうけないで（位置不変性）抽出し，さらにプーリング層を用いて情報を圧縮します。1989 年に，フランス出身のルカン (LeCun) らが，この構成の畳み込みニューラルネットワークを発表しました（ルカンらによる初期のネットワークは LeNet と呼ばれています）。実は，畳み込みニューラルネットワークのこれらの特徴は，日本の福島邦彦が約 20 年前の 1979 年に提案した**ネオコグニトロン**と呼ばれる先駆的なニューラルネットワークがすでに持っていました。ネオコグニトロンは，動物の視覚の働きを参考にして作られた深層ネットワークで，手書き数字の読み取りでは 98% を超える精度を実現していました。ルカンは 2015 年の Nature 誌での総合報告で，畳み込みニューラルネットワークのルーツはネオコグニトロンであると述べています。ただし，違いとしてネオコグニトロンでは誤差逆伝播法は使われていないと言及しています。

　畳み込みニューラルネットワークの発展には，前節で触れた ImageNet が大きな貢献をしました。ImageNet は，画像データベースとして貢献するだけでなく，2010 年から 7 年間にわたって ILSVRC（the ImageNet Large Scale Visual Recognition Challenge：イメージネット大規模画像認識チャレンジ）と名付けられた画像認識のコンテストを開きました。このコンテストは ImageNet の画像データを正しく分類できるかどうかを競うものでした。2012 年には，トロント大学のクリジェフスキー，ヒントンらによる AlexNet（クリジェフスキーのファーストネームの Alex にちなんだ）と呼ばれる畳み込みニューラルネットワークが，2 位の東京大学の研究グループ

より10％も低い誤り率16％で優勝しました。そして，この優勝によって畳み込みニューラルネットワークが一躍脚光を浴びることになりました。しかも，その翌年以降も畳み込みニューラルネットワークが優勝を重ねました。

　1986年に発表された誤差逆伝播法の提案者のヒントンは，当時，カーネギーメロン大学に准教授として所属していましたが，1987年にカナダのトロント大学の教授になりました。誤差逆伝播法を用いる畳み込みニューラルネットワークを提案したルカンは，1987年にパリのピエール・マリーキュリー大学で博士号を取得した後で，トロント大学のヒントンの研究室で博士研究員（いわゆるポスドク）をつとめました。ルカンは，1988年にAT＆Tのベル研究所に移り，1989年に畳み込みニューラルネットワークを発表しました。誤差逆伝播法の提案者の元で研究をし，その有効性を十分理解していたはずなので，畳み込みニューラルネットワークに誤差逆伝播法を用いたのは当然のようにも思えます。しかし，その畳み込みニューラルネットワークは当初は大きな影響力があったわけではありませんでした。他の手法に対して十分な優位性を示せなかったのです。それが，2012年のヒントンらによるILSVRCでの優勝によって畳み込みニューラルネットワークの優秀さが広く知られることになりました。そして，同時に画像認識においてのディープラーニングの優秀さを広く印象付けることになったのです。ヒントンの粘り強い研究力は注目に値します。

　ILSVRCでは，オックスフォード大学の研究グループがVGGと名付けた畳み込みニューラルネットワークで参加していました。Kerasでは，「すでに画像認識の学習を終えたVGGモデル」を別の画像認識に転用できます。このようなモデルの転用を**転移学習**と呼びます。KerasではVGGを含めて約10種類のモデルが利用できます。ご興味のある方は転移学習にトライしてみて下さい。

　甘利俊一や福島邦彦の活躍やルカンの畳み込みニューラルネットワークの提案から，ディープラーニングが実用に向けて進みだす起点となった2012年までには40年から20年という長い年月を要しています。その長い年月を要した大きな理由の1つは，数十層もの層を重ねるネットワークを動かすに

足るコンピューターの能力が容易には実現できなかったことが挙げられます。また，ディープラーニングの学習と検証に用いる大規模なデータベースの充実に時間を要したことも挙げられます。現在では，本書を読み進めている読者の方も無料かつ容易に大規模なデータベースや Google Colaboratory のような本格的なコンピューターシステムが使えるのはとてもありがたいことです。

　さて，本章では，畳み込みニューラルネットワークについて学び，手書き数字の画像認識を試みました。これで，ディープラーニングの操作を含む基礎を習得し，さらに画像認識の高度化への一歩を踏み出したことになります。ディープラーニングには2つの柱があります。1つは本章で見た畳み込みニューラルネットワークです。そしてもう1つは，次章で学ぶリカレントニューラルネットワークです。では，そのもう1つの柱を理解するために次章に進みましょう。

Column　コンピューター対人間

　ディープラーニングという言葉が一般社会に広がり始めたのは
2010 年以降のことです。とくに 2016 年に囲碁の対局で，コンピュー
ターが韓国のプロ棋士のイ・セドルに 4 勝 1 敗で勝ったことがディー
プラーニングを一般社会でも有名にしました。イ・セドルは 2019
年に引退するまでに囲碁の世界タイトルを 18 回も獲得した世界
トップの棋士です。勝利したソフトウェアは，イギリスの Google
DeepMind 社が開発した AlphaGo です。AlphaGo は，ディープラー
ニングによって人間の棋譜（無料の囲碁サーバー KGS でのアマチュ
アによる 16 万局）を元にした教師あり学習を行い，続いて AlphaGo
同士の対局で強化学習を行いました。

　コンピューターと人間とのボードゲームの対局では，1996 年と
1997 年のチェスの対局が有名です。IBM 社のスーパーコンピュー
ターディープブルーと世界チャンピオンのロシアのカスパロフが戦
い，1996 年はカスパロフが 3 勝 1 敗 2 引き分けで勝ち，1997 年は 2
勝 1 敗 3 引き分けでディープブルーが勝ちました。この対局はチェ
スにおいてコンピューターが人間のトップ棋士と同等に戦えること
を実証しました。

　チェスに比べると日本の将棋はかなり複雑です。チェスボードは
8×8 の 64 マスであるのに対して将棋盤のマス目は 9×9 の 81 マスで
す。また，将棋では相手からとったコマを使うことができます。日
本では 2010 年ごろからコンピューターと将棋のプロ棋士との対戦
が始まり，2011 年から 2015 年まで開かれた将棋電王戦では，コン
ピューターが優位の結果を残しました。

　コンピューターが人間と同等のレベルに達するまで，チェスから
将棋まで 20 年近くかかったわけです。囲碁の対戦でもいつかはコン

ピューターが人間に追いつくだろうと予想できました。しかし，そう近い時期ではないだろうと考える人が多数でした。碁盤のマス目は 19×19 の 361 マスなので将棋盤の 6 倍ほどもあります。最初から3手先までの「場合の数」でも，$361 \times 359 \times 357$ で約 460 万通りになります。10 手先を読むとなると，さらに膨大な数になります。ところが，囲碁でもコンピューターが人間に勝ったという報告が 2016 年に届いたわけです。なので，このニュースは世界中を驚かせました。

　この AlphaGo の強さを生み出したのはディープラーニングによる驚異的な学習能力です。AlphaGo は AlphaGo 同士の対局を重ね，その対局数はプロ棋士同士のこれまでの歴史上の対局数を超えています。AlphaGo はその膨大な数の対局から学習したので，人間のトップ棋士に勝っても何も不思議ではありません。現在では，囲碁や将棋，そしてチェスで最新鋭のコンピューターソフトに勝てる人間は一人もいないでしょう。

　となると，当然ながらディープラーニングはもっと他の様々な分野でも人間をしのぐ能力を発揮できるだろうと予測できます。健康状態の画像診断やクルマの自動運転から始まって様々な分野でディープラーニングの開発が続いています。

Chapter 8

リカレントニューラル
ネットワーク

──リカレントって何？──

8.1　リカレントニューラルネットワークとは

　ニューラルネットワークの分野において，広く使われている手法が 2 つあります。その 1 つが前章で学んだ畳み込みニューラルネットワークです。そして，もう 1 つ重要で有効なアプローチが本章でこれから見て行く**リカレントニューラルネットワーク**です。英語は Recurrent Neural Network で，頭文字をとって **RNN** と略すこともあります。日本語では**再帰型ニューラルネットワーク**とも呼びます。

　リカレントという言葉になじみのない方もいらっしゃるでしょう。Current は，「流れ」を意味し，水流や電流も指します。Re が「再び」を意味する接頭辞であることは return や remake などの単語から類推できます。よって Recurrent は，「流れを戻す」という意味になります。なので還流型ネットワークと訳しても良いように思いますが，意味的にはほぼ同じの再帰型と訳されています。では何を還流するのかが疑問として生じると思いますが，それをこれから見て行きましょう。

　畳み込みニューラルネットワークは静止画の画像認識などでよく使われています。リカレントニューラルネットワークが使われるのは，時系列のデータを扱う場合です。画像関係では動画の認識や処理にリカレントニューラルネットワークが使われています。そして，言語処理などの分野でもリカレントニューラルネットワークは活躍しています。

　時系列とは順番のことですが，言語によっては単語の順番が変わると意味が変わります。英語での次の 3 単語の文を例として，リカレントニューラルネットワークの動作を見てみましょう。ただし，冠詞は略しています。

　sky is blue　　　訳　空は青い

　blue is sky　　　訳　青いのは空です

　is sky blue　　　訳　空は青いですか

　is blue sky　　　訳　青いのは空ですか　（or 青い空ですか）

　このように英語では順番によって意味が異なります。ここまで本書で見てきたディープラーニングでは，静止画像の各画素の画素値を入力に用いたので時系列のデータではありませんでした。では，時系列に意味を持たせてディープラーニングを行うにはどのようなネットワークを組めば良いのでしょうか。

　リカレントニューラルネットワークは入力層と隠れ層と出力層を持つネットワークですが，この課題に答えるために図 8-1 のように隠れ層での信号の流れが少し複雑になっています。

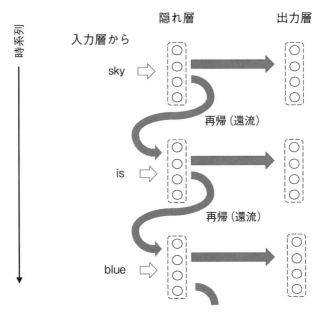

図 8-1　リカレント（再帰型）ニューラルネットワークの概念図

　図 8-1 では隠れ層の左側に入力層があり，右側に出力層があります。sky, is, blue の 3 つの単語がこの順番に入力するとします。まず，上段の図では，sky が入力層に入力して，隠れ層で活性が計算されて活性化関数を経て

出力します。そして，その次の時間のステップが中段の図で，is の信号が入力層を経て隠れ層に入力します。その際，先ほどの「（上段の図の）隠れ層の出力」が還流して一緒に隠れ層に入力します。この隠れ層での「信号の還流」が再帰型ニューラルネットワークの特徴です。下段の図はさらに次の時間のステップで，blue の信号が入力層を経て隠れ層に入力しますが，その際，先ほどの「（中段の図の）隠れ層の出力」が還流して一緒に隠れ層に入力します。

　ここで教師あり学習として，「sky is blue が正しい文章である」と，このネットワークに学ばせたいとします。その場合は，このように「1つ前の隠れ層の出力（例：sky の出力）」を「次の新しい入力（例：is の入力）」とともに隠れ層に入力すると，「sky と is が何らかの関係性を持つだろう」と予測はできます。しかし，具体的に隠れ層の重みとバイアスをどのような値にすればよいのかはすぐにはわかりません。しかし，誤差逆伝播法を使い，その際に適切な損失関数やオプティマイザを選べば，正解率の高い重みとバイアスを求められる可能性が高まるだろうと考えられます。

8.2　重みやバイアスの計算式は？

　リカレントニューラルネットワークは，言語を対象とすることもあれば，数値データそのものを扱うこともあります。また，言語を扱う際にも，単語または文字を数値化して計算します。というわけで，その計算式の概要を見てみましょう。4章で用いた図4-1と同じ「極端に簡単化したネットワーク」で考えてみます。図8-2では，時系列にそった計算のステップを i で表していて，I, M, O はそれぞれ入力層，隠れ層，出力層のノードを表しています。ここで上段の図が i 回目のステップでの計算を表し，下段の図が $i+1$ 回目のステップでの計算を表しています。

　上段の図の i 回目のステップの隠れ層のノードでは，入力層から信号 x_i が入り，次式の活性

入力層　　　　　　　隠れ層　　　　　　　出力層

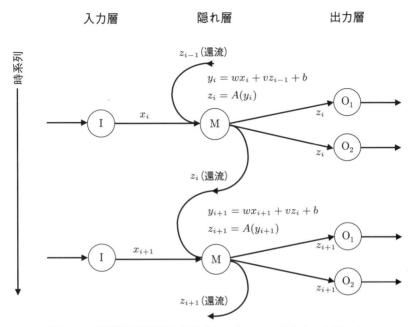

図8-2　極限的に簡単化したリカレントニューラルネットワーク

$$y_i = wx_i + vz_{i-1} + b$$

を計算します。ここで入力 x_i に対する重みを w とし，1つ前の隠れ層の出力 z_{i-1} の還流にかける重みを v とします。b はバイアスです。この活性を次式のように活性化関数 A に入れて，出力 z_i を得ます。

$$z_i = A(y_i) = A(wx_i + vz_{i-1} + b)$$

この出力 z_i は，出力層のノードに送られるとともに，還流して次のステップでの隠れ層のノードへの入力としても送られます。図8-2の下段の $i+1$ 回目のステップでは同様に

$$z_{i+1} = A(y_{i+1}) = A(wx_{i+1} + vz_i + b)$$

が計算されて，この出力 z_{i+1} は出力層のノードに送られるとともに，還流

して次の $i+2$ 回目のステップでの隠れ層のノードへの入力としても送られます。

　こうして数式を使って図 8-2 を眺めてみると，それほど複雑なネットワークではないことがわかります。

8.3　リカレントニューラルネットワークの実践例

　リカレントニューラルネットワークの実践例を見てみましょう。動画の時系列データとしては，特定の画素値の時間変化を扱ったり，人間の動きを対象とする場合には関節の座標を扱ったりします。ここでは入門書にふさわしい扱いやすい数値データとして「東京の月別平均気温」を例にとってみます。平均気温は動画とは直接の関係はありませんが，周期的に明滅する画素値や上下運動を繰り返す関節の座標値などは平均気温の上下と同様の周期性を持つことでしょう。東京の月別平均気温は，気象庁のホームページから得られます。「ある年のある月の平均気温」をニューラルネットワークで予測することにして，その月の前の 36 か月の平均気温を学習に用いることにします。たとえば，2022 年 1 月のデータを予測するには，2019 年 1 月から2021 年 12 月までの 3 年間の月別平均気温を用いることになります。

　リカレントニューラルネットワークを扱うためには，Keras の SimpleRNN というモジュールを使います。プログラム 8-1 が SimpleRNN によるプログラム例です。このプログラムは全体的にはこれまでの CNN とほとんど同じなので理解は容易です。

```
----------プログラム 8-1----------------------------------------
# SimpleRNN による平均気温予測
# TensorFlow と Keras のインポート
import tensorflow as tf
from tensorflow import keras

# NumPy と matplotlib のインポート
import numpy as np
```

```
import matplotlib.pyplot as plt

# 気温データ 2000/1 から 2017/1 まで(気象庁HPより)
Kion_data = [7.6,6,9.4,14.5,19.8,22.5,27.7,28.3,25.6,
                             中略
6.1,7.2,10.1,15.4,20.2,22.4,25.4,27.1,24.4,18.7,11.4,8.9, 5.8]

Month_total = len(Kion_data) # 気温データの総月数 205
Kikan = 36 # 参考期間＝36か月

# 気温データの配列と正解の配列の作成
Kion = [] # 月別気温データ(東京)のリスト：最初は要素無しで定義
Seikai = [] # 正解のリスト：最初は要素無しで定義

for i in range(Month_total - Kikan): # i は1から(205-36=169)まで
    #「0から36までのデータ」+「1から37までのデータ」+...
    Kion.append(Kion_data[i:i + Kikan])
    Seikai.append(Kion_data[i + Kikan])

# 気温データ(1次元)を3次元配列に変換
Kion = np.array(Kion).reshape(-1, Kikan, 1)
# 正解の配列(1次元)を2次元配列に変換
Seikai = np.array(Seikai).reshape(-1, 1)

# モデルの構築
model = keras.Sequential()
model.add(keras.layers.SimpleRNN(200, activation='tanh'))
model.add(keras.layers.Dense(1, activation='linear'))

# モデルの編集
model.compile(optimizer='Adam', loss='mean_squared_error')

# アーリーストッピング
soki_syuryo = keras.callbacks.EarlyStopping(monitor='val_loss',
patience=5, verbose=1)

# モデルの学習
fit_kiroku = model.fit(Kion, Seikai,
                       epochs=1000, batch_size=100,
```

```
                               verbose=2,
                               validation_split=0.2,
                               callbacks=[soki_syuryo])
```

```
# モデルの要約
model.summary()
```

```
# 損失(Loss)の変化をプロット
plt.plot(fit_kiroku.history['loss'], '-s', color='blue',
label='Kunren Loss', linewidth=2)
plt.plot(fit_kiroku.history['val_loss'], '-D', color='orange',
label='Kensho Loss', linewidth=2)
plt.title('LOSS (Sonshitsu)')
plt.xlabel('Epochs')
plt.ylabel('Loss')
plt.legend(loc='upper right')
plt.show()
```

```
# テスト用気温データ 2017/1 から 2022/1 まで(気象庁HPより)
Kion_test=[5.8,6.9,8.5,14.7,20,22,27.3,26.4,22.8,16.8,
                               中略
5.4,8.5,12.8,15.1,19.6,22.7,25.9,27.4,22.3,18.2,13.7,7.9,
4.9]
```

```
Month_total = len(Kion_test)
Kikan = 36
print('Month_total=', Month_total, Month_total - Kikan)
```

```
Kion = []  # 月別気温データ(東京)のリスト
Seikai = []  # 正解のリスト
```

```
# i は1から(61-36=25)まで Day_total 61, Kikan 36
for i in range(Month_total - Kikan):
    # 「0から36までのデータ」+「1から37までのデータ」+...
    Kion.append(Kion_test[i:i + Kikan])
    Seikai.append(Kion_test[i + Kikan])
```

```
Kion = np.array(Kion).reshape(-1, Kikan, 1)
Seikai = np.array(Seikai).reshape(-1, 1)
```

```
# 予測
Yosoku_kekka = model.predict(Kion)

# グラフ化のために正解と予測結果の配列の1次元化
Seikai=Seikai.reshape(-1)
Yosoku_kekka=Yosoku_kekka.reshape(-1)

# plt.plot によるグラフ描画
fig = plt.figure()
plt.rc('font', family='serif')
plt.xlim([-1, 25])    # x軸の範囲
plt.ylim([0, 30])     # y軸の範囲
plt.plot(range(25), Seikai, color='black',
    marker='o', markersize=5,  linewidth=0.5, label='Kion')
plt.plot(range(25), Yosoku_kekka,marker='*', markersize=10,
linewidth=0, color='blue', label='Yosoku')

plt.title('Heikin-kion Yosoku (Prediction) Tokyo2020/01-22/01')
plt.xlabel('Month')
plt.ylabel('Temperature (C: Ondo)')
plt.legend(loc='lower right')

plt.show()
```

　このプログラムの中身を見て行くと，冒頭の**# TensorFlow と Keras**のインポートや **# NumPy と matplotlib** のインポートでの各種ライブラリ等のインポートはこれまでとほとんど同じです。その次の**# 気温データ 2000/1 から 2017/1** まで（気象庁**HP**より）と**# 気温データの配列と正解の配列の作成** は少し混み入っているので，中身を見てみましょう。まず，配列Kion_dataに気象庁のホームページの東京の平均気温のデータを代入しています。ここでは訓練データと検証データとして用いる「36か月の平均気温のデータ」と，訓練と検証の正解として用いる「36か月の次の月（つまり37か月目）の平均気温を正解とする配列」を作ります。データとしては，

[2000 年 1 月から 36 か月分の平均気温，要素数 36 の 1 次元配列]
[2000 年 2 月から 36 か月分の平均気温，要素数 36 の 1 次元配列]
[2000 年 3 月から 36 か月分の平均気温，要素数 36 の 1 次元配列]
　　……

が訓練と検証用データで，上記のそれぞれの 1 次元配列に対して

[2003 年 1 月の平均気温]
[2003 年 2 月の平均気温]
[2003 年 3 月の平均気温]
　　……

が，正解の配列になります。これらのデータセットを作るには，先ほどの配列 Kion_data から，36 個のデータを拾い上げて「訓練と検証データの配列 Kion」とし，37 個目のデータを「正解の配列 Seikai」に入れる必要があります。このために配列 Kion と配列 Seikai のそれぞれに要素を加える append 命令を用います。変数 Kikan は，訓練と検証に用いる月数のことで，ここでは 36 か月なので値は 36 です。配列 Kion に加えるデータは，i 番目の月から (i+kikan-1) 番目の月までの 36 か月分で，append 命令の記述では，

```
Kion.append(Kion_data[i:i + Kikan])
```

となります。配列 Seikai に加えるデータは，(i+kikan) 番目の月なので，append 命令の記述では，

```
Seikai.append(Kion_data[i + Kikan])
```

になります。
　配列 Kion は SimpleRNN に入力するために，3 次元配列に変換する必要があるので，reshape 命令を用います。また，同様に配列 Seikai は

SimpleRNN に入力するために，2次元配列に変換する必要があります。こ
のそれぞれの命令が

```
# 気温データ (1次元) を 3次元配列に変換
Kion = np.array(Kion).reshape(-1, Kikan, 1)
```

```
# 正解の配列 (1次元) を 2次元配列に変換
Seikai = np.array(Seikai).reshape(-1, 1)
```

です。

　プログラムの後半はモデルの作成と学習，そして評価ですが，モデル
は SimpleRNN を使うこと以外はこれまでとほぼ同じです。# **モデルの構
築** では，次のようにシーケンシャルなモデルとし，add メソッドを使って
SimpleRNN を導入しています。ノード数は 200 とし，活性化関数に，この
後で説明する tanh を使っています。また，出力層は全結合 (Dense) でノー
ド数は 1 です。活性化関数は'linear' と書かれていますが，これは「入力
をそのまま出力する恒等関数」を意味します。

```
# モデルの構築
model = keras.Sequential()
model.add(keras.layers.SimpleRNN(200, activation='tanh'))
model.add(keras.layers.Dense(1, activation='linear'))
```

　SimpleRNN 層の活性化関数の tanh は**ハイパボリックタンジェント**と読
み，正式名は**双曲線正接関数**です。数式で表すと次式のように指数関数を 4
つ使います。

$$\tanh(x) = \frac{e^x - e^{-x}}{e^x + e^{-x}}$$

　グラフにすると図 8-3 のようになり，シグモイド関数（ロジスティクス関
数）とよく似ています。しかし，関数の値（縦軸）はシグモイド関数では 0
から 1 の範囲であったのに対して，ハイパボリックタンジェントは -1 と 1
の間であることが違っています。また，$x = 0$ での傾きはシグモイド関数で
は 0.25 でしたが，ハイパボリックタンジェントは 1 なので（導出は補章を

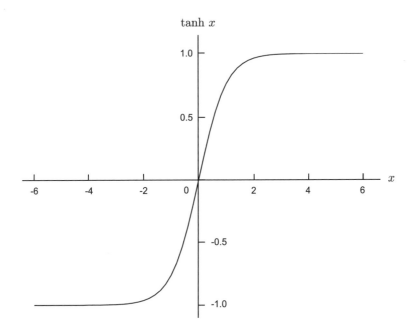

図8-3　tanh（ハイパボリックタンジェント）関数

ご参照下さい）少し大きく，勾配消失問題には少し強いという特徴がありま
す。なお，ハイパボリックタンジェントのグラフの形もこのように"シグモ
イド"なので，シグモイド関数と呼ぶことがあります。

　# モデルの編集 では，次のようにオプティマイザに Adam を指定し，損失
関数に平均2乗誤差関数を指定しています。

```
model.compile(optimizer='Adam', loss='mean_squared_error')
```

　その次の **# アーリーストッピング** は，損失値等が減少しなくなったら計算
を止める**アーリーストッピング**（Early Stopping）メソッドです。

```
soki_syuryo = keras.callbacks.EarlyStopping(monitor='val_loss',
patience=5, verbose=1)
```

これは学習中に，エポックごとの損失値などの減少が止まったときに，プログラムの実行を止める命令です。EarlyStopping を訳すと早期終了なのでその言葉通りの命令です。この例のように monitor='val_loss' とした場合は，検証データ（validation data）の損失値（loss）が改善されなくなるという事象が patience で指示した5回起こると（patience=5）止まります。patience の訳は忍耐や許容です。アーリーストッピングを使う場合には，その次の model.fit メソッドの引数として callbacks 命令を書く必要があります。Callback の訳は「呼び戻す」ですが，このように学習の実行中に割り込んで，指定した処理（ここではアーリーストッピング）を行えます。

```
fit_kiroku = model.fit(Kion, Seikai,
                       epochs=1000, batch_size=100,
                       verbose=2,
                       validation_split=0.2,
                       callbacks=[soki_syuryo])
```

model.fit の引数の verbose を2とすると，学習中の経過を矢印で示します。0だと表示しません。validation_split は，読み込むデータを訓練用と検証用に分割する命令です。ここここでは 0.2 としているので，配列 Kion の気温データと配列 seikai の正解データを，それぞれ訓練用 80%，検証用 20% に分割します。

　続いて，このプログラムを実行してみましょう。図 8-4 はその出力の一例です。上から4行目を見ると，Epoch 数 108 でアーリーストッピング（early stopping）で計算が止まったことがわかります。中段の model summary の表示のように，隠れ層の SimpleRNN のノードは 200 で，出力層のノードは1つです。下段の図は，横軸がエポック数で，縦軸が損失値を表しています。訓練データの損失値と検証データの損失値はほぼ重なっていて大きな差がないまま変化していることから，オーバーフィッティングは起こっていないことがわかります。

　プログラムの# テスト用気温データ 2017/1 から 2022/1 まで（気象庁

```
2/2 - 0s - loss: 1.4527 - val_loss: 1.0305 - 96ms/epoch - 48ms/step
Epoch 108/1000
2/2 - 0s - loss: 1.4376 - val_loss: 1.0077 - 93ms/epoch - 46ms/step
Epoch 108: early stopping
Model: "sequential_1"
```

Layer (type)	Output Shape	Param #
simple_rnn_1 (SimpleRNN)	(None, 200)	40400
dense_1 (Dense)	(None, 1)	201

```
Total params: 40,601
Trainable params: 40,601
Non-trainable params: 0
```

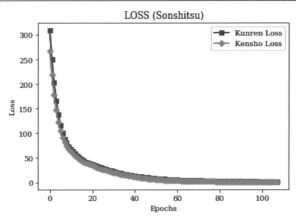

図 8-4　**SimpleRNN** の出力（画像提供：Google）

HP より）以降は，2017 年 1 月から 2022 年 1 月までの気温をテストデータ
として用いた予測です。図 8-5 がその結果で，星型の点が予測値です。いず
れも 36 か月分の気温（実測値）を使って，その次の月（37 か月目）の気温
を予測しています。グラフ中の黒丸（●）が実測の気温です。このグラフか
ら，気温データが 12 か月の周期性を持つことや，夏は暑く冬は寒いという

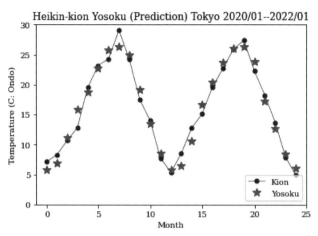

図 8-5　気温の実測値（●）と SimpleRNN による予測値（★）のプロット

（画像提供：Google）

特徴を学習できていることがわかります。また，気温データの予測値もほぼ
対応していて，実測値とのずれは大きくても 3 度程度です。

　気温データが 12 か月の周期性を持つことや，夏は暑く冬は寒いことなど
は直感的には自明のように思えますが，36 か月の気温データを入力するだ
けで，ネットワークがこれらの特徴を学習し，37 か月目の気温を予測できる
ということは実は驚くべきことです。前章で画像認識に畳み込みニューラル
ネットワークを用いた場合には，特徴を抽出するフィルターにはその働きを
人間が解釈できるものがありましたが，同時に，直感的には把握できないフィ
ルターもありました。同じように時系列データについても，12 か月の周期
性などの他に「人間が把握できない特徴」をネットワークが把握する可能性
があると考えらえます。このため，様々な数値データの未来予測にリカレン
トニューラルネットワークの使用が試みられています。当然ながら，金融面
での株価や為替も予測できるのではないかと考える方もいらっしゃると思い
ます。しかし，株価や為替についてはランダム性が極めて高いのでリカレン
トニューラルネットワークの有効性を期待するのは難しそうです。

8.4 LSTM──長・短期記憶

　リカレントニューラルネットワークは過去のデータを反映する能力を持っ
ていますが，1ステップ前の隠れ層の出力を還流するという方法なので，適
切なパラメーターが選ばれないと，2ステップ前や3ステップ前のように過
去にさかのぼるほど，その影響は小さくなります。SimpleRNN では，誤差
逆伝播法の弱点の勾配消失問題が起こると，適切なパラメーターの選択が妨
げられることが知られています。記憶にたとえると，直近のことは覚えてい
るけれども，ちょっと前のことは忘れてしまうということになります。

　しかし，ニューラルネットワークの用途としては，ちょっと前やもっと前
の記憶（データ）を反映させたい場合があります。そのような要求に対応
するために，**LSTM** という手法が考案されました。フルスペルでは Long
Short-Term Memory で，訳すと長・短期記憶になります。LSTM では，隠
れ層のノードを**セル**（または **LSTM ブロック**）と呼ばれる回路に置き換え
ます。

　LSTM の回路の理解を容易にするために，まず図 8-2 の「極限的に簡単化
したリカレントニューラルネットワーク」を図 8-6 に書き換えます。図 8-6
では，隠れ層のノードが縦長の四角で表され，その中にさらに「活性化関数
を表すノード」が入っています。「入力層からの入力 x_i」と「1 ステップ前
の隠れ層の出力 z_{i-1}」は点 A で合流し，それぞれの重みのかけ算をして足
しあわされます。そして，その下の活性化関数のノードを経て，出力 z_i は，
点 B で「出力層行き」と「次のステップの隠れ層行き」に分かれて送り出さ
れます。これがこれまでの RNN です。ここでは，1 ステップ前からの還流
の成分 z_{i-1} は活性化関数のノードに入力しますが，誤差逆伝播法では遠い
過去の成分ほど，活性化関数の勾配を何度もかけ算することになります。し
たがって，勾配の値が小さい場合は遠い過去のデータほど影響が小さくなり
ます。

　では，この活性化関数の勾配の影響を避けるためにはどうすればよいので
しょうか。考えつくのは x_i や z_{i-1} の一部を活性化関数のノードを（経由さ

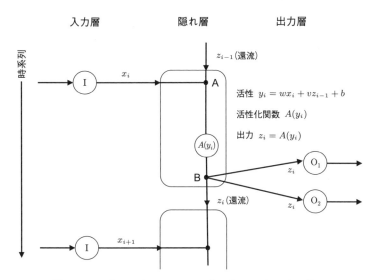

入力層　　　　　隠れ層　　　　　出力層

時系列

z_{i-1} (還流)

I　　x_i　　　A

活性　$y_i = wx_i + vz_{i-1} + b$

活性化関数　$A(y_i)$

出力　$z_i = A(y_i)$

$A(y_i)$

B　　　　　z_i　　O$_1$

z_i (還流)　z_i　O$_2$

I　　x_{i+1}

図8-6　リカレントニューラルネットワークの書き換え

せずに）迂回させることです。ということで迂回する回路を作ったのが図8-7のLSTMの概念図です。RNNに比べるとかなり複雑になっています。

　ここで注目していただきたいのは、「点CとDを通る縦の信号線」です。これが迂回路として働きます。この信号線を流れる信号を c_i と書くことにします。点Cのすぐ上に**忘却ゲート**と呼ばれるゲートがありますが、もし、この忘却ゲートが100%開いていて、点Cのすぐ右の**入力ゲート**が閉まっているとすると、この信号線に（図の上から）入ってくる信号 c_{i-1} は何の変化もないままセルを通過し、次のステップでの出力として $c_i(= c_{i-1})$ をそのまま送り出すことになります。これはあたかもメモリのように働くので、この信号線を**メモリセル**（信号を記憶するセルの意）や **CEC**（Constant Error Carousel：定誤差カルーセル）と呼びます。Carousel（カルーセル）は回転木馬やメリーゴーランドを表す言葉ですが、この信号線を流れる c_i は1ステップごとにセルの下段の活性化関数 A_2 に同じ信号を送ることになるので、回転木馬にたとえています。

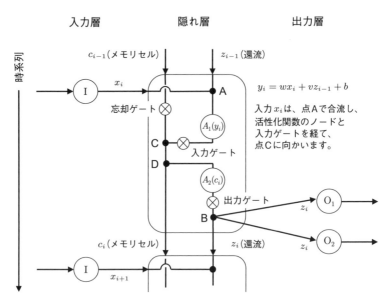

入力層　　　　　隠れ層　　　　　出力層

図8-7　簡単化した LSTM の概念図（信号線のみ）

　一方，忘却ゲートを閉じて，入力ゲートを100%開けた場合には，図8-7
では入力層からの入力 x_i と還流 z_{i-1} は点 A で合流したのち活性化関数を経
て，入力ゲートを通過し，点 C でメモリセルの信号線に流れこみます。した
がって，c_{i-1} を完全に置き換える（書き換える）ことになります。c_{i-1} はそ
れ以前のどこかで書き込まれた長期記憶に相当するので，「書き換えられる」
ということは「忘却すること」に相当します。それで，点 C の上のゲート
は忘却ゲートと呼ばれています。入力ゲートと忘却ゲートが，0 から100%
の間で適切に開閉すれば，長期の記憶や短期の記憶も適切に処理されること
（忘れるべきものは忘れ，覚えておくべきものは覚えておくこと）が期待さ
れます。これが LSTM の概要です。

　LSTM を数式で表すと，入力 x_i と還流 z_{i-1} は点 A で合流し，重み w と v
がかかり，さらにバイアス b が加わって活性 y_i が得られます。

$$y_i = wx_i + vz_{i-1} + b$$

そして，活性化関数 A_1 を経由し，$A_1(y_i)$ になります。

　忘却ゲートと入力ゲートがともに開いているときは，信号線上の信号は1ステップ前のメモリセルの信号 c_{i-1} に $A_1(y_i)$ が加わるので

$$c_i = c_{i-1} + A_1(y_i) \tag{8.1}$$

となります。さらに，信号 c_i が点Dで分岐して活性化関数 A_2 を経由する場合は，出力ゲートが開いていれば，出力 z_i は

$$z_i = A_2(c_i) \tag{8.2}$$

になります。

　なお，元の SimpleRNN と同じ動作をさせるには，活性化関数 A_1 を恒等関数にして，忘却ゲートを常に閉じ，入力ゲートと出力ゲートを常に開けばよいわけです。

　(8.1) 式と (8.2) 式は3つのゲートがすべて開いている場合です。ゲートの開閉を制御するために，図8-8のように点Pで分岐する3つの制御線（点線の矢印）を加えます。制御線では以下の数式のように，入力ゲート，出力ゲート，忘却ゲートに対応する個別の重み（$w_I, v_I, w_O, v_O, w_F, v_F$）とバイアス（$b_I, b_O, b_F$）を使って活性を計算し，シグモイド関数 S を活性化関数として使ってゲートの機能を持たせます。ここで添え字のIは入力ゲート，Oは出力ゲート，Fは忘却ゲートを表します。

　　入力ゲート　　$S(y_I) = S(w_I x_i + v_I z_{i-1} + b_I)$
　　出力ゲート　　$S(y_O) = S(w_O x_i + v_O z_{i-1} + b_O)$
　　忘却ゲート　　$S(y_F) = S(w_F x_i + v_F z_{i-1} + b_F)$

そして，このシグモイド関数を (8.1) 式と (8.2) 式に組み込むと，3つのゲート機能が働く LSTM の c_i と z_i が得られます。

$$c_i = S(y_F)c_{i-1} + S(y_I)A_1(y_i)$$
$$z_i = S(y_O)A_2(c_i)$$

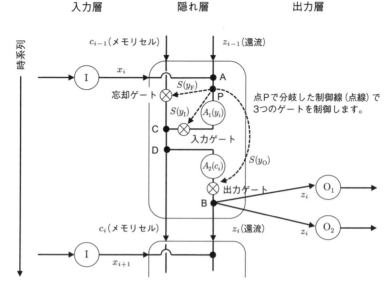

図8-8　簡単化した**LSTM**の概念図（制御線も追加）

このように LSTM の仕組みは SimpleRNN よりかなり複雑なのですが，意外なことに Keras での使用は簡単です。プログラム 8-1 において**# モデルの構築** の model.add メソッドの引数の SimpleRNN を LSTM に書き換えるだけで使えます。

```
# モデルの構築
model = keras.Sequential()
model.add(keras.layers.LSTM(200, activation='tanh'))
model.add(keras.layers.Dense(1, activation='linear'))
```

```
Epoch 175/1000
2/2 - 0s - loss: 1.2835 - val_loss: 1.0203 - 275ms/epoch - 137ms/step
Epoch 175: early stopping
Model: "sequential_1"
```

Layer (type)	Output Shape	Param #
lstm (LSTM)	(None, 200)	161600
dense_1 (Dense)	(None, 1)	201

```
Total params: 161,801
Trainable params: 161,801
Non-trainable params: 0
```

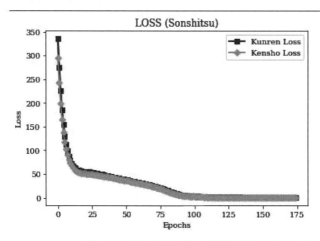

図 8-9　LSTM の出力（画像提供：Google）

　図 8-9 は，LSTM の出力の一例です。2 行目を見ると，エポック数 175 で
アーリーストッピングで学習が止まったことがわかります。1 エポックあ
たりの計算時間は 275ms（ミリ秒）なので，SimpleRNN が 93ms（図 8-4）
であったことから，約 3 倍長い計算時間がかかっています。損失値は学
習データ（`loss:1.2835`）と検証データ（`val_loss:1.0203`）ともに，

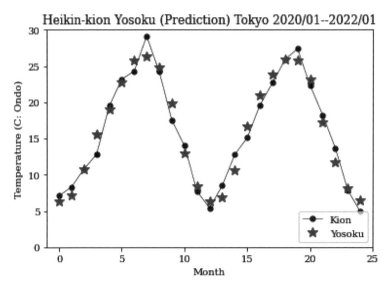

図8-10　気温の実測値（●）と LSTM による予測値（★）のプロット
(画像提供：Google)

SimpleRNN より少し小さくなっています。また，下段の損失値のグラフ
から訓練データと検証データの場合の損失値はほぼ重なっていてオーバー
フィッティングは起こっていないことがわかります。

　図8-10が実測値と LSTM による予測値の比較です。気温の実測値●と予
測値★の重なりは，SimpleRNN の結果より良い点もいくつかあります。さ
らに，model.add メソッドの引数を最適化すればもっとよい結果が得られ
ます。LSTM は，「広い意味でのリカレントニューラルネットワーク」の1
つです。時系列データの予測では，SimpleRNN より正解率が高い場合が多
く広く使われています。しかし，扱う対象によっては優劣が異なることもあ
るので注意が必要です。

　LSTM は，1997 年にドイツのホッフライターとシュミットフーバーに
よって提案されました。ホッフライターは基本的なアイデアを 1991 年の
ミュンヘン工科大でのディプローマ論文で発表しています。ディプローマ論

文は，日本の大学制度にあてはめるとほぼ修士論文に相当します。LSTM は
2010 年前後から，音声認識や機械翻訳の分野ですぐれた性能を発揮し始め，
2015 年ごろから Google などの様々なサービスやアプリケーションで使われ
ています。

　さて，これでリカレントニューラルネットワークについての基礎的な知
識を身に着けて，SimpleRNN と LSTM の実行も体験しました。リカレン
トニューラルネットワークは，畳み込みニューラルネットワークと並んで
ディープラーニングを支える 2 つの大いなる柱です。この両者の基礎を学ん
だことは大きな前進です。

　本書のネットワークの実践例では，入門書として読者がなるべく容易に理
解できるようにシンプルな model を紹介しました。しかし，層数を増やし
たり，ノードやパラメーターの数を増やすと，より複雑で高度な予測が可能
になります。2012 年にスタンフォード大学と Google の共同研究チームは、
猫や人が写った 200 × 200 画素の 1000 万枚の画像を，約 10 層のディープ
ニューラルネットワークに "教師なし学習" で学習させて，「ネコ」や「人の
顔」を 7 割から 8 割の精度で識別することに成功しました（教師なし学習で
の分類を**クラスタリング**と言います）。猫を識別することは人間には難しく
はありませんが，ニューラルネットワークでは困難でした。ニューラルネッ
トワークが自ら猫の特徴を学んだことは大きなニュースになりましたが，こ
のときのパラメーターの数は 10 億で厖大でした。

　読者の皆さんがこれから学習をさらに進めて，より大きなネットワークを
構築すれば，それはとてもスリリングで楽しいことでしょう。本書の知識
が，さらに学びを進める際に役立つことを期待しています。

Column　アンドロイドは電気羊の夢を見るか？

　『アンドロイドは電気羊の夢を見るか？』(ハヤカワ文庫) は，アメリカのSF作家ディックによるサイエンスフィクションです。映画「ブレードランナー」の原作としても有名です。「夢を見るアンドロイド」の頭脳では人工知能が機能しているはずなので，SFの世界では人工知能は夢も見るし，自我も存在するという想定が一般的なようです。

　では，現代において「人工知能は近い将来に，自我を持って思考が可能になるのか」と質問したとすると，人工知能の専門家でも意見が分かれると思います。筆者には，自我の存在にまで到達するかどうかはわかりませんが，「思考という機能」についてはかなり代替されるようになると考えています。

　人間が持っている「考えるという能力」は，ほかの動物に比べると優れていますが，しかし，明確な限界があります。サルには人間に近い思考能力がありますが，サルに方程式を考えたり解く能力がないことは明らかです。チンパンジーでも脳の容積は人間の3分の1しかありません。サルに方程式が解けないのは，脳容積が小さくてニューロンの数が相対的に人間より少ないことと相関があることでしょう。同様に，人間よりはるかに優れた知能を持つ存在があるとするなら，1500ccの脳容積しかない人間を見て，「このニューロンの数だと人間にはこういう思考はできないだろう」と言いそうな気がします。ただし，「こういう思考」が「どういう思考」なのかは人間である筆者にはわかりませんが。

　アメリカのカーツワイルは2005年に著書『The Singularity Is Near: When Humans Transcend Biology』の中で，ひとたび優れた

人工知能が創造されると，再帰的にさらなる優れた人工知能が創造され，人間の想像力をはるかに超えた知性が誕生するはずと述べています。そして，汎用的な人工知能が人間よりも賢くなる年は 2029 年（〜2045 年）頃ではないかと述べています。Singularity（シンギュラリティ）とは元は数学の専門用語の特異点のことです。一例としては関数 $f(x) = 1/x$ の $x = 0$ が特異点です。$x = 0$ ではこの関数は分母がゼロになるので無限大に発散します。真の人工知能が生まれると，知的能力は瞬く間に無限大に発散するように成長するというのです。これは AlphaGo が自分自身との対局を繰り返すことによって数日のうちに世界最強の棋士になってしまったことと類似しています。カーツワイルによると，そのような人工知能が生まれると，飛躍的なテクノロジーの発展を引き起こし，やがては不老不死に近づくかのような寿命の延長も可能になるだろうとのことです。

　一方で，人工知能の発展が人類の存続に危機を及ぼす可能性を指摘する声もあります。宇宙物理学者のホーキングもその一人です。自我を持った人工知能がロボットやドローンを操って人類を滅ぼすというのは SF 映画でよくみられるストーリーですが，今やサイエンスフィクション（空想科学小説）とはみなせなくなりつつあります。

　筆者自身は人工知能の助けによる明るい未来を強く期待していますが，同時に軍事への応用などの危険性については決して楽観はできないと考えています。

補 章

高校数学の補強編
微分を思い出そう！

──微分と勾配の関係は？──

1　微分と勾配の関係？

　ディープラーニングではパラメーターの最適化のために，第 3 章で登場する勾配降下法を用います。そして，この勾配降下法にとっての大問題として勾配消失問題が第 4 章で登場します。つまりディープラーニングにとって「勾配」はとても大事なキーワードです。

　この勾配は数学的には微分に対応します。つまり，

$$勾配＝微分$$

の関係が成り立ちます。しかし，微分をそもそも学んだことのない方や，一度勉強したけど忘れてしまったという方もいらっしゃると思います。そこで，「なぜこの 2 つが等しいのか」から始めて，ディープラーニングに必要な微分の知識を補強するのが本章の目的です。

　微分を理解するには，クルマの走行時間と距離の関係を考えるのが簡単です。物体の運動を記述する物理学である「力学」の基礎は，ニュートン（1643–1727）によって築かれましたが，その力学に必要な「微分と積分」を生み出したのもニュートンです。つまり，物体の運動を描写するには微積分が不可欠なのです。

　図 S-1 は，クルマがスタートしてからの走行時間（単位は秒です）を横軸にとり，縦軸に走行距離（単位は m）をとったグラフです。このときクルマの速さは，距離÷時間で求められます。グラフから，1 時間（3,600 秒）の間に 72km（72,000m）進んでいることがわかるので，時速 72km（秒速 20m）であることがわかります。ただし，これは 1 時間の平均時速です。グラフからわかるように，このクルマの速さは時々刻々と変化しています。発車後，クルマのスピードは速度ゼロから始まってだんだん速くなり，目的地が近づくと減速して，やがて静止します。このグラフでは，速度が速いほど傾きが大きくなり，速度が遅いほど傾きは小さくなります。そして，速度が一定であれば，グラフは直線になります。

　ある瞬間の速さ（瞬間速度）v を求めるには，短い走行距離（変位）Δy

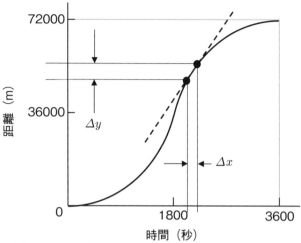

より正しい速度は，
"もっと短い時間 Δx あたりに移動した距離の変化 Δy"
から求めます。

　　　より正しい速度＝ $\Delta y/\Delta x$ ＝傾き（点線）

**図 S-1　停止状態からスタートしたクルマの走行時間（横軸で単位は秒）と
走行距離（縦軸で単位は m）**

（デルタワイ）を短い走行時間 Δx （デルタエックス）で割るのが，より正確です。この関係を式に書くと

$$v = \frac{\Delta y}{\Delta x} \tag{S.1}$$

となります。たとえば自動車レースの F1 のテレビ中継で，画面に「時速250km」と表示されたとすると，これはその一瞬の瞬間速度であって，1 時間かけて 250km を走ったわけではないわけです。

　距離 y を時間 x の関数として

$$y = f(x)$$

と表します。時間が $x + \Delta x$ のときの距離 $f(x + \Delta x)$ と時間が x のときの距離 $f(x)$ の差分を Δy とします。

$$\Delta y = \Delta f(x) = f(x + \Delta x) - f(x)$$

これを瞬間速度を表す (S.1) 式に代入すると，

$$v = \frac{\Delta y}{\Delta x} = \frac{f(x + \Delta x) - f(x)}{\Delta x}$$

となります。さらに，なるべく正確な瞬間速度を求めるには，Δx は 1 分より 1 秒の方がよく，さらに可能なら無限に小さい方がよいでしょう。そこで，この式で Δx が無限に小さい極限（limit）をとることにします。「Δx が無限に小さい」ことを表すために次式のような limit 記号を使います。

$$\lim_{\Delta x \to 0} \frac{\Delta y}{\Delta x} = \lim_{\Delta x \to 0} \frac{\Delta f(x)}{\Delta x} = \lim_{\Delta x \to 0} \frac{f(x + \Delta x) - f(x)}{\Delta x} \tag{S.2}$$

真ん中の辺の無限小の変化を Δ ではなく微分記号 d で表すことにすると，(S.2) 式は，

$$\frac{df(x)}{dx} = \lim_{\Delta x \to 0} \frac{f(x + \Delta x) - f(x)}{\Delta x} \tag{S.3}$$

と表せます。これが**微分の定義式**です。

　この式は図 S-1 では，曲線の傾き（図中の点線），すなわち勾配に対応しています。なので，

微分＝グラフの傾き（勾配）

という関係が成り立っています。これをまず頭に入れておきましょう。

　関数 $f(x)$ を微分した

$$\frac{d}{dx} f(x) = f'(x)$$

を**導関数**と呼びます。微分を表すためにこの右辺のように「$'$」をつける書き方もあります。f' の読み方は，高校では一般に「エフ ダッシュ」と読みますが，大学では「エフ プライム」と読みます。

2　定数の微分

　微分の基礎的な公式をいくつか導いてみましょう。これらの公式を覚えておくと，微分を実際に使う場合に役に立ちます。まず，関数が次式のような

定数の場合です。

$$f(x) = c \quad (c \text{ は定数})$$

ここで右辺の c は定数（constant：コンスタント）を表し，変化しない一定の数です。x が $x+\Delta x$ に変化しても

$$f(x+\Delta x) = c$$

です。よって，微分の定義式の (S.3) 式に代入すると

$$
\frac{d}{dx}c = f'(x) = \lim_{\Delta x \to 0} \frac{f(x+\Delta x) - f(x)}{\Delta x}
$$
$$
= \lim_{\Delta x \to 0} \frac{c-c}{\Delta x} = 0 \tag{S.4}
$$

となって，**定数の微分はゼロ**になります。

3　関数の和の微分公式

次に，関数の和の微分の公式を見てみましょう。2 つの微分可能な関数 $f(x)$ と $g(x)$ があり，それぞれの導関数が $f'(x)$ と $g'(x)$ である場合を考えます。このとき，

> **2 つの関数の和 $f(x)+g(x)$ の微分 $\{f(x)+g(x)\}'$ が**
> **$f'(x)+g'(x)$ である**

というのが，関数の和の微分公式です。式を書くと

$$\{f(x)+g(x)\}' = f'(x) + g'(x) \tag{S.5}$$

です。左辺の記号 $\{\ \}'$ は微分 $\dfrac{d}{dx}\{\ \}$ を表します。「関数の和の微分」の定義を (S.3) 式に当てはめて考えると，$x+\Delta x$ と x での $\{f(x)+g(x)\}$ の差を Δx で割り $\Delta x \to 0$ の極限をとったものなので

$$\{f(x)+g(x)\}' = \lim_{\Delta x \to 0} \frac{\{f(x+\Delta x)+g(x+\Delta x)\} - \{f(x)+g(x)\}}{\Delta x}$$

となります。この分子を並び替えて整理すると

$$= \lim_{\Delta x \to 0} \frac{f(x+\Delta x)-f(x)+g(x+\Delta x)-g(x)}{\Delta x}$$

$$= \lim_{\Delta x \to 0} \frac{f(x+\Delta x)-f(x)}{\Delta x} + \lim_{\Delta x \to 0} \frac{g(x+\Delta x)-g(x)}{\Delta x}$$

$$= f'(x)+g'(x)$$

が得られ，**関数の和の微分公式**が証明できました。

4　関数の積の微分公式

　次に関数の積の微分公式を見てみましょう。前節と同様に，2つの微分可能な関数 $f(x)$ と $g(x)$ があり，それぞれの導関数が $f'(x)$ と $g'(x)$ である場合を考えます。このとき，

> **2つの関数の積 $f(x)g(x)$ の微分 $\{f(x)g(x)\}'$ が**
> **$f'(x)g(x)+f(x)g'(x)$ である**

というのが，積の微分公式です。式で書くと

$$\{f(x)g(x)\}' = f'(x)g(x)+f(x)g'(x) \tag{S.6}$$

となります。これを証明してみましょう。

　「関数の積の微分の定義」は $x+\Delta x$ と x での $f(x)g(x)$ の差を Δx で割り $\Delta x \to 0$ の極限をとったものなので，(S.3) 式に当てはめて考えると，

$$\{f(x)g(x)\}' = \lim_{\Delta x \to 0} \frac{f(x+\Delta x)g(x+\Delta x)-f(x)g(x)}{\Delta x}$$

となります。

　ここで，分子に

$$f(x+\Delta x)g(x)-f(x+\Delta x)g(x)$$

という項を加えます。この第1項と第2項は正負が逆なので，計算するとゼロになります。ゼロを先ほどの式の右辺の分子に加えても左辺と等しいので

$$\{f(x)g(x)\}' = \lim_{\Delta x \to 0} \frac{f(x+\Delta x)g(x+\Delta x) - f(x+\Delta x)g(x)}{\Delta x}$$
$$+ \lim_{\Delta x \to 0} \frac{f(x+\Delta x)g(x) - f(x)g(x)}{\Delta x}$$

となります。これを整理すると

$$= \lim_{\Delta x \to 0} \frac{f(x+\Delta x)\{g(x+\Delta x) - g(x)\}}{\Delta x}$$
$$+ \lim_{\Delta x \to 0} \frac{\{f(x+\Delta x) - f(x)\}g(x)}{\Delta x}$$

となり，さらに整理すると

$$= \lim_{\Delta x \to 0} f(x+\Delta x)\frac{g(x+\Delta x) - g(x)}{\Delta x}$$
$$+ \lim_{\Delta x \to 0} \frac{f(x+\Delta x) - f(x)}{\Delta x}g(x)$$

となります。微分の定義式である (S.3) 式や

$$\lim_{\Delta x \to 0} f(x+\Delta x) = f(x)$$

の関係を使うと

$$= f(x)g'(x) + f'(x)g(x)$$
$$= f'(x)g(x) + f(x)g'(x)$$

となります。よって，(S.6) 式の**関数の積の微分公式**が導かれました。

　なお，積の微分公式を使ってもっと簡単な公式も導いておきましょう。それは定数 a と関数 $f(x)$ の掛け算 $af(x)$ の微分です。さきほどの積の公式の (S.6) 式に $g(x) = a$ を代入すれば，$af(x)$ の微分になります。よって，

$$\{af(x)\}' = af'(x) + f(x)\frac{d}{dx}a$$

となりますが，右辺の第 2 項に含まれる $\dfrac{d}{dx}a$ は定数の微分なので (S.4) 式から「定数の微分はゼロ」になります。よって，

$$\{af(x)\}' = af'(x) \tag{S.7}$$

が導かれました。

5 1次式の微分

ここまで読んで「微分の定義式を使う計算はちょっと面倒だけど，微分そのものは意外に簡単だ！」と思われた方も多いことでしょう。手順を踏んで理解していけば，難しくは無いのです。ここからディープラーニングに関係する1次式や2次式の微分と指数関数と対数関数の微分の公式を見ていきましょう。微分の定義式を使う計算は面倒なので，**公式を導いた後は公式を暗記して使う**方が楽です。

次の基礎的な1次式の微分から始めます。a は定数です。

$$f(x) = ax$$

この場合は，

$$f(x + \Delta x) = a(x + \Delta x)$$

なので，微分は (S.3) 式より

$$
\begin{aligned}
\frac{d}{dx}f(x) &\equiv \lim_{\Delta x \to 0} \frac{f(x + \Delta x) - f(x)}{\Delta x} \\
&= \lim_{\Delta x \to 0} \frac{a(x + \Delta x) - ax}{\Delta x} \\
&= \lim_{\Delta x \to 0} \frac{ax + a\Delta x - ax}{\Delta x} \\
&= a
\end{aligned}
\tag{S.8}
$$

となります。このように1次式を微分すると傾き a だけが残ります。

あるいは，(S.7) 式を使うと次式のように簡単に証明できます。

$$\frac{d}{dx}(ax) = a\frac{dx}{dx} = a \lim_{\Delta x \to 0} \frac{x + \Delta x - x}{\Delta x} = a$$

6 2次式の微分

次に x の2次式の関数の微分を見てみましょう。

$$f(x) = ax^2$$

(S.7) 式を使うと次式のようになるので

$$\frac{d}{dx}(ax^2) = a\frac{d}{dx}(x^2)$$

x^2 の微分を計算すればよいことになります。よって，微分の定義式である
(S.3) 式より

$$
\begin{aligned}
\frac{d}{dx}(x^2) &= \lim_{\Delta x \to 0} \frac{(x+\Delta x)^2 - x^2}{\Delta x} \\
&= \lim_{\Delta x \to 0} \frac{\{x^2 + 2x\Delta x + (\Delta x)^2\} - x^2}{\Delta x} \\
&= \lim_{\Delta x \to 0} \frac{2x\Delta x + (\Delta x)^2}{\Delta x} \\
&= \lim_{\Delta x \to 0} (2x + \Delta x) \\
&= 2x
\end{aligned}
$$

となります。まとめると

$$\frac{d}{dx}(x^2) = 2x \tag{S.9}$$

です。

　x が3次や4次の関数の場合も同様に計算できますが，それを先ほどと同じように何度も計算するのは面倒です。実は n 次式（ここで n は整数で，マイナスも可です）の微分には規則性があります。それは，

$$f(x) = x^n$$

を微分すると

$$\frac{d}{dx}f(x) = \frac{d}{dx}(x^n) = nx^{n-1} \tag{S.10}$$

になる，という関係です。つまり，

> x の肩に乗っている指数 n を前に持ってきて
>
> 肩の指数 n から1を引くだけ

です。この (S.10) 式は，理系の大学受験では必ず暗記しなければいけない式で，覚えていれば微分の計算をとても楽にしてくれる式です。

7　対数の計算公式

　続いて，ディープラーニングと関係が深い対数関数と指数関数の微分の公式も求めておきましょう。そのために対数の計算公式を見ておきましょう。対数関数を思い出せない方は，先に第2章の章末のコラムをご覧ください。

　第2章のコラムのように，対数関数の表記は，真数 a の対数の底が b で対数が c の場合には，

$$\log_b a = c \tag{2.12}$$

と表します。この関係を指数関数で表すと

$$a = b^c \tag{2.13}$$

になります。(2.13) 式を (2.12) 式の a に代入すると

$$\log_b b^c = c \tag{S.11}$$

が成り立つことがわかります。また，逆に (2.13) 式の右辺の c に (2.12) 式の左辺を代入すると

$$a = b^{\log_b a} \tag{S.12}$$

も成り立つことがわかります。

　対数の計算の公式を2つ見ておきましょう。1つは，

$$\log_b a^n = n \log_b a \tag{S.13}$$

です。また，もう1つは

$$\log_b \frac{k}{l} = \log_b k - \log_b l \tag{S.14}$$

で，左辺の「割り算の対数」は右辺の「対数の引き算」に等しいという公式です。

　(S.13) 式の証明では，

$$p \equiv \log_b a$$

とおきます。これは

$$a = b^p$$

と同じです。この両辺を n 乗すると

$$a^n = (b^p)^n$$
$$= b^{np}$$

となり，両辺の対数をとると

$$\log_b a^n = \log_b b^{np}$$

となります。右辺は (S.11) 式より np に等しいので

$$\log_b a^n = np$$
$$= n \log_b a$$

が成り立ちます。

(S.14) 式の証明では，次式の割り算が成り立っているとします。

$$m = \frac{k}{l} \tag{S.15}$$

(S.12) 式を使うと対数の底を b として

$$m = b^{\log_b m}, \quad k = b^{\log_b k}, \quad \frac{1}{l} = l^{-1} = b^{\log_b l^{-1}} = b^{-\log_b l}$$

の関係があるので（第3式の指数の肩に (S.13) 式を適用），これらを (S.15) 式に代入すると

$$b^{\log_b m} = b^{\log_b k} \times b^{-\log_b l}$$

が成り立ちます。ここで，「指数の掛け算は指数の肩の足し算に等しい」という次式の公式を

$$b^m \times b^n = b^{m+n} \quad (\text{たとえば，} 3^2 \times 3^1 = 3 \times 3 \times 3 = 3^3)$$

右辺に使うと

$$b^{\log_b m} = b^{(\log_b k - \log_b l)}$$

が成り立ちます。底を b として両辺の対数をとると（あるいは，この式の左辺と右辺の指数どうしが等しいので）

$$\log_b \frac{k}{l} = \log_b k - \log_b l \tag{S.14}$$

となります。これは，

（左辺の）　**割り算の対数が，**

（右辺の）　**対数の引き算に等しい**

ことを意味します。四則の中では，足し算や引き算の方が掛け算や割り算よりずっと簡単なので，この関係は対数の大きな利点になっています。

8　log の微分

さて，対数関数の微分を求めましょう。微分の定義式である (S.3) 式を使うと

$$\begin{aligned}
\frac{d}{dx} \log_b x &= \lim_{\Delta x \to 0} \frac{\log_b (x+\Delta x) - \log_b x}{\Delta x} \\
&= \lim_{\Delta x \to 0} \frac{\log_b \left(\frac{x+\Delta x}{x}\right)}{\Delta x} \\
&= \lim_{\Delta x \to 0} \frac{\log_b \left(1+\frac{\Delta x}{x}\right)}{\Delta x}
\end{aligned}$$

となります（(S.14) 式を使いました）。ここで $t \equiv \dfrac{\Delta x}{x}$ という変数変換を行います。この場合，$\Delta x \to 0$ のとき $t \to 0$ であり，また，$\Delta x = xt$ です。よって，

$$\begin{aligned}
&= \lim_{t \to 0} \frac{1}{xt} \log_b(1+t) \\
&= \lim_{t \to 0} \frac{1}{x} \log_b(1+t)^{\frac{1}{t}} \tag{S.16}
\end{aligned}$$

となります（(S.13) 式を使いました）。この式に含まれる $\lim\limits_{t \to 0}(1+t)^{\frac{1}{t}}$ は次式のように記号 e で表して**自然対数の底**と呼びます。

$$e \equiv \lim_{t \to 0}(1+t)^{\frac{1}{t}} = 2.7182\cdots$$

この数を他に**ネイピア数**や**オイラー数**と呼ぶこともあります。この値が $e = 2.7182\cdots$ に等しいことは，$t = 0.0001$ などとして関数電卓などで $(1+t)^{\frac{1}{t}}$ を計算すると，e に近い値が得られることから確かめられます。

この e を使うと，先ほどの (S.16) 式の続きは

$$\frac{d}{dx} \log_b x = \lim_{t \to 0} \frac{1}{x} \log_b (1+t)^{\frac{1}{t}}$$
$$= \frac{1}{x} \log_b e \qquad\qquad (\text{S.17})$$

となります。これが**対数関数の微分公式**です。なお，$b = e$ の場合にはさらに簡単になって

$$\frac{d}{dx} \log_e x = \frac{1}{x} \log_e e = \frac{1}{x} \qquad\qquad (\text{S.18})$$

となります。

9　指数関数の微分

対数の微分公式が求められたので，これを使って次の指数関数の微分を求めてみましょう。

$$f(x) = e^x \qquad\qquad (\text{S.19})$$

まず，この関係を (2.12) 式のように対数で表すと

$$x = \log_e f(x)$$

となります。この両辺を x で微分すると

$$\frac{dx}{dx} = \frac{d}{dx} \log_e f(x)$$

となります。この左辺は当然ですが，

$$\frac{dx}{dx} = 1$$

です。一方，右辺は合成関数の微分公式（第 3 章で解説）を使って（記述を簡単にするために $f(x)$ を f と書きます）

$$\frac{d}{dx} \log_e f = \frac{df}{dx} \frac{d}{df} \log_e f$$

となります。対数の微分公式である (S.18) 式を使うと

$$= \frac{df}{dx}\frac{1}{f}$$

となります。よって，「左辺＝右辺」より

$$1 = \frac{df}{dx}\frac{1}{f}$$

が得られ，これを整理すると

$$\frac{df}{dx} = f$$

が得られます。よって (S.19) 式から

$$\frac{d}{dx}e^x = e^x \tag{S.20}$$

となります。つまり，

> 自然対数の底 e の指数関数 e^x を微分すると，
>
> もとと同じ自然対数の底 e の指数関数 e^x が得られます。

微分しても形が変わらないというのはとてもおもしろい性質です。

10　偏微分について

　偏微分は高校の数学では教えられていないので初めて見ると記号も違って少し驚くかもしれません。しかし，中身は簡単です。次の数式を例にとってみましょう。

$$y = 3x + 5 \tag{S.21}$$

この式を変数 x で微分すると，関数の和の微分公式と (S.4) 式と (S.8) 式から

$$\frac{dy}{dx} = \frac{d}{dx}(3x+5) = 3 \tag{S.22}$$

となります。では，$y = 3x+7$ や $y = 3x+11$ の微分はどうでしょうか。これらも同様に

$$\frac{dy}{dx} = \frac{d}{dx}(3x+7) = 3 \tag{S.23}$$

$$\frac{dy}{dx} = \frac{d}{dx}(3x+11) = 3 \tag{S.24}$$

となり，微分の値は同じ3です。これは，(S.21) 式の右辺の5が定数であって，変数 x が変わっても変化しないからです。また，(S.23) 式や (S.24) 式のように5が7や11に変わっても，これらの数は x に影響されない定数なので x で微分するとゼロになります。

　この5や7を b で表すことにすると

$$y = 3x + b \tag{S.25}$$

となりますが，先ほど見たように b の値が5であっても，あるいは7であっても，変数 x の値によって b が影響されなければ b を定数とみなしてよいわけです。ということで，b が変数であっても，変数 x に影響されない独立な変数であれば，（x による微分の際には）定数とみなしてよいということになります。

　ただし，変数が1つのときの微分記号 d と区別して，次式のように偏微分では「d を丸めた ∂」を使います。

$$\frac{\partial y}{\partial x} = \frac{\partial}{\partial x}(3x+b) = 3$$

11　各章での微分計算の詳述

　ここからは，各章での微分計算を詳しく説明します。なお，高校から大学につながる微分と積分にご関心のある方は拙著の『理系のための微分・積分復習帳』をご覧ください。タイトルに「理系のための」と「復習帳」という言葉がありますが，文系の方やまだ微積分を勉強していない高校生のお役にも立てるものと思います。

■ P.43 の1番目の式の導出
　まず，P.42 の式のカッコの2乗を計算します。ただし，$t=1$ の場合です。

$$L(1,\,y) \equiv \frac{1}{2}(1-y)^2 = \frac{1}{2}(1-2y+y^2)$$

続いて，この微分に関数の和の微分公式を使います。

$$\frac{d}{dy}\left\{\frac{1}{2}(1-y)^2\right\} = \frac{d}{dy}\left\{\frac{1}{2}(1-2y+y^2)\right\}$$

$$= \frac{1}{2}\frac{d}{dy}(1-2y+y^2)$$

さらに (S.4) 式，(S.8) 式，(S.9) 式などを使うと

$$= \frac{1}{2}(-2+2y)$$

$$= y-1$$

となります。

■ P.43 の 2 番目の式の導出

対数関数の微分公式である (S.18) 式を使えば求められます。

$$\frac{d}{dy}(-\ln y) = -\frac{d}{dy}\log_e y = -\frac{1}{y}$$

■ P.64 の 1 番目の式の導出

微分の公式 (S.9) 式または (S.10) 式を使います。

$$\frac{d}{dw}L(w) = \frac{d}{dw}(w^2) = 2w \tag{S.26}$$

■ P.70 の (3.6) 式の導出の細部

微分の公式 (S.10) 式は指数がマイナスの場合も成り立ちます。よって，(S.10) 式を使うと

$$\frac{d}{dq}\frac{1}{q} = \frac{d}{dq}(q^{-1}) = -q^{-2}$$

■ P.74 の中段の (3.16) 式の導出の細部

次式のように関数 $g(z_1)$ を定義して

$$g(z_1) \equiv z_1(x_1,\,x_2) - r_1(x_1,\,x_2)$$

合成関数の微分公式を使い，さらに (S.9) 式を使うと

$$\frac{\partial}{\partial z_1}[\{z_1(x_1, x_2) - r_1(x_1, x_2)\}^2] = \frac{\partial}{\partial z_1} g(z_1) \frac{\partial}{\partial g}[\{g(z_1)\}^2]$$
$$= 2g(z_1) = 2\{z_1(x_1, x_2) - r_1(x_1, x_2)\}$$

となります。第 4 章の同様の微分（(4.29) 式の細部など）も同様です。

■第 8 章　$\tanh x$ の $x = 0$ での微分が 1 であること（**P.201**）

$$\tanh x = \frac{e^x - e^{-x}}{e^x + e^{-x}}$$

について

$$f(x) \equiv e^x - e^{-x}, \qquad g(x) \equiv (e^x + e^{-x})^{-1}$$

とおき，関数の積の微分公式を使うと

$$\frac{d}{dx} \tanh x = \{f(x)g(x)\}' = f'(x)g(x) + f(x)g'(x)$$

となり，関数の和の微分公式と合成関数の微分公式を使用すると

$f'(x) = (e^x - e^{-x})' = e^x + e^{-x}$

$g'(x) = \{(e^x + e^{-x})^{-1}\}' = -(e^x + e^{-x})^{-2}(e^x + e^{-x})' = -(e^x + e^{-x})^{-2}(e^x - e^{-x})$

なので，

$$\frac{d}{dx} \tanh x = f'(x)g(x) + f(x)g'(x)$$
$$= (e^x + e^{-x})(e^x + e^{-x})^{-1} - (e^x - e^{-x})(e^x + e^{-x})^{-2}(e^x - e^{-x})$$
$$= 1 - \left(\frac{e^x - e^{-x}}{e^x + e^{-x}}\right)^2$$
$$= 1 - \tanh^2 x$$

となります。$x = 0$ で $\tanh x = 0$ なので，微分の値は上式より 1 になります。

12　補章の公式集＆合成関数の微分公式

■微分の定義式

$$\frac{df(x)}{dx} = \lim_{\Delta x \to 0} \frac{f(x+\Delta x)-f(x)}{\Delta x} \tag{S.3}$$

$$\frac{d}{dx}c = 0 \quad (c は定数) \tag{S.4}$$

■関数の和の微分公式

$$\{f(x)+g(x)\}' = f'(x)+g'(x) \tag{S.5}$$

■関数の積の微分公式

$$\{f(x)g(x)\}' = f'(x)g(x)+f(x)g'(x) \tag{S.6}$$

$$\{af(x)\}' = af'(x) \tag{S.7}$$

$$\frac{d}{dx}(ax) = a \tag{S.8}$$

$$\frac{d}{dx}(ax^2) = 2ax \tag{S.9}$$

$$\frac{d}{dx}(x^n) = nx^{n-1} \tag{S.10}$$

■対数関数の微分

$$\frac{d}{dx}\log_e x = \frac{1}{x} \tag{S.18}$$

■指数関数の微分

$$\frac{d}{dx}e^x = e^x \tag{S.20}$$

■対数の計算公式

$$\log_b b^c = c \tag{S.11}$$

$$a = b^{\log_b a} \tag{S.12}$$

$$\log_b a^n = n \log_b a \tag{S.13}$$

$$\log_b \frac{k}{l} = \log_b k - \log_b l \tag{S.14}$$

■合成関数の微分公式

関数 $f(x)$ は，関数 $f(g)$ と関数 $g(x)$ からなる合成関数であり，

$$f(x) = f(g) = f(g(x))$$

関数 $f(g)$ と $g(x)$ が微分可能であるとき，変数 x による関数 $f(x)$ の微分は次式のようになる。

$$\frac{df}{dx} = \frac{d}{dx}f(g(x)) = \frac{d}{dx}g(x) \times \frac{d}{dg}f(g) = \frac{dg}{dx} \cdot \frac{df}{dg} \tag{3.7}$$

おわりに

　ディープラーニングの知識がほとんどない状態から本書を読み始め，そして読破した読者の方々の多くには，ある種の達成感が得られていることでしょう。ディープラーニングは，人間が持つ「認識する能力」や「学習する能力」を代替する技術で，それらの能力は特化した領域では人間の力をはるかに凌いでいます。より高度な脳の機能が機械によって置き換えられつつあります。私たちは今，その重要な歴史的進展の目撃者であると言えるのかもしれません。

　畳み込みニューラルネットワークを 1989 年に提案したルカンは，当時はアメリカのニュージャージ州の AT&T のベル研究所に所属していました。ベル研究所は全世界でトップクラスの研究所で，トランジスタの発明など 7 種類の研究でノーベル賞を受賞しています。筆者はこの 1989 年にベル研究所を訪問したことがあります。当時，筆者は富士通研究所に所属し，超高速の電子デバイスを研究していました。富士通以外の日立，東芝，NEC なども中央研究所を持ち，ベル研究所は理想的なモデルでした。ニューヨークのタイムズスクウェアに宿をとり，タクシーで 70 キロほど離れたベル研究所を日帰りで訪問しました。訪問先は半導体の研究者で，筆者はルカンを知りませんでした。研究所の誘導路には，トランジスタを模した 3 本足の巨大な水タンクがあり，並列の二つの細長い研究棟の間は大屋根が覆い広大な室内空間を作っています。ベル研究所を支えたのは AT&T が全米に張り巡らせた独占的な電話網による膨大な収益でした。しかし，1984 年の AT&T の分割の影響によって，やがて経営は傾き，ルカンのいた研究棟は売却されて複合商業施設に変わりました。日本の情報通信産業もバブル崩壊後は競争力を大きく落としました。現在，ディープラーニングの開発の一翼をになうのは，AlaphaGo を開発した Google や Meta，Amazon などの巨大 IT 企業です。個々の企業に栄枯盛衰はあっても，新たな技術は次々と開拓され，想像を超える新たな未来を私たちに見せてくれつつあります。

　本書の執筆に当たっては，企画段階から東京図書株式会社 編集部の清水剛氏にお世話になりました。ここに謝意を表します。

参考文献

[1] 『詳解ディープラーニング 第2版』巣籠悠輔著，マイナビ出版，2019年
[2] 『Python と Keras によるディープラーニング』Francois Chollet 著, 株式会社クリープ訳，巣籠悠輔監訳，マイナビ出版，2018年
[3] 『ゼロから作る Deep Learning—Python で学ぶディープラーニングの理論と実装』斎藤康毅著，オライリージャパン，2016年
[4] 『画像認識プログラミングレシピ』川島賢著，秀和システム，2019年
[5] 『高校数学からはじめるディープラーニング 初歩からわかる人工知能が働くしくみ』金丸隆志著，講談社，2020年
[6] 『高校数学でわかるディープラーニングのしくみ』涌井貞美著，ベレ出版，2019年
[7] 『脳・心・人工知能 数理で脳を解き明かす』甘利俊一著，講談社，2016年
[8] 『人類の未来—AI、経済、民主主義』ノーム・チョムスキー，レイ・カーツワイル，マーティン・ウルフ，ビャルケ・インゲルス，フリーマン・ダイソン，吉成真由美，NHK 出版新書513，2017年
[9] Warren S. McCulloch and Walter Pitts, "A logical calculus of the ideas immanent in nervous activity", Bulletin of Mathematical Biophysics 5, 115–133 (1943).
[10] Shun-ichi Amari, "Theory of adaptive pattern classifiers", IEEE Transactions EC-1: pp.299–307 (1967).
[11] 福島邦彦，「位置ずれに影響されないパターン認識機構の神経回路モデル—ネオコグニトロン—」電子通信学会論文誌 A, vol.J62-A, no.10, pp.658–665 (1979).
[12] K. Fukushima, "Neocognitron: A self-organizing neural network model for a mechanism of pattern recognition unaffected by shift in position" Biological Cybernetics 36 (4): pp.193–202 (1980).
[13] David E Rumelhart, Geoffrey E. Hinton, Ronald J. Williams, "Learning representations by back-propagating errors", Nature 323, pp.533–536 (1986).
[14] Y. LeCun, B. Boser, J. S. Denker, D. Henderson, R. E. Howard, W. Hubbard and L. D. Jackel, "Backpropagation Applied to Handwritten Zip Code Recognition", Neural Computation, 1(4), pp.541–551, (1989).

[15]　S. Hochreiter, "Untersuchungen zu dynamischen neuronalen Netzen", Diploma thesis, Technical University Munich (1991).

[16]　Sepp Hochreiter; Jürgen Schmidhuber. "Long short-term memory", Neural Computation, 9, pp.1735–1780 (1997).

[17]　Quoc V. Le, Marc'Aurelio Ranzato, Rajat Monga, Matthieu Devin, Kai Chen, Greg S. Corrado, Jeff Dean, Andrew Y. Ng, "Building high-level features using large scale unsupervised learning", arXiv:1112.6209, Appearing in Proceedings of the 29 th International Conference on Machine Learning, Edinburgh, Scotland, UK, 2012.

[18]　Shun-ichi Amari, "Dreaming of mathematical neuroscience for half a century", Neural Networks, 37, pp.48–51 (2013).

[19]　Nitish Srivastava, Geoffrey Hinton, Alex Krizhevsky, Ilya Sutskever, Ruslan Salakhutdinov, "Dropout: A Simple Way to Prevent Neural Networks from Overfitting", Journal of Machine Learning Research, 15, pp.1929–1958 (2014).

[20]　Yann LeCun, Yoshua Bengio, Geoffrey Hinton, "Deep learning" Nature 521 (7553) pp.436–444 (2015).

付　録

■第1章　OR回路の導出

$x_1 = x_2 = 0$ の場合	$b < 0$
$x_1 = 0, x_2 = 1$ の場合	$w_2 + b > 0$ $\quad \therefore w_2 > -b$
$x_1 = 1, x_2 = 0$ の場合	$w_1 + b > 0$ $\quad \therefore w_1 > -b$
$x_1 = x_2 = 1$ の場合	$w_1 x_1 + w_2 x_2 + b = w_1 + w_2 + b > 0$
	$\therefore w_1 + w_2 > -b$

1つめの不等式から，b は負であるので，$b = -1$ とすると，他の3つの不等式を満たす w_1 と w_2 の値の一例は，$w_1 = w_2 = 2$ となります。したがって，形式ニューロンで OR 回路を作るには，

$$z = H(y) = H(2x_1 + 2x_2 - 1)$$

となります。

■第2章　2画素のニューラルネットワークのバイアスと重みの導出

○パターン1　$x_1 = 0$ かつ $x_2 = 0$ の場合

$z_1 = 1$ となるには $y_1 = w_{11}x_1 + w_{21}x_2 + b_1 > 0$ でなければなりません。
この不等式に $x_1 = 0$ かつ $x_2 = 0$ を代入すると $b_1 > 0$，以下同様です。

$$z_2 = 0, \quad y_2 = w_{12}x_1 + w_{22}x_2 + b_2 \leq 0 \quad \therefore b_2 \leq 0$$

$$z_3 = 0, \quad y_3 = w_{13}x_1 + w_{23}x_2 + b_3 \leq 0 \quad \therefore b_3 \leq 0$$

$$z_4 = 0, \quad y_4 = w_{14}x_1 + w_{24}x_2 + b_4 \leq 0 \quad \therefore b_4 \leq 0$$

○パターン2　$x_1 = 0$ かつ $x_2 = 1$ の場合

$$z_1 = 0, \quad y_1 = w_{11}x_1 + w_{21}x_2 + b_1 = w_{21} + b_1 \leq 0 \quad \therefore w_{21} \leq -b_1$$

$$z_2 = 1, \quad y_2 = w_{12}x_1 + w_{22}x_2 + b_2 = w_{22} + b_2 > 0 \quad \therefore w_{22} > -b_2$$

$$z_3 = 0, \quad y_3 = w_{13}x_1 + w_{23}x_2 + b_3 = w_{23} + b_3 \leq 0 \quad \therefore w_{23} \leq -b_3$$

$$z_4 = 0, \quad y_4 = w_{14}x_1 + w_{24}x_2 + b_4 = w_{24} + b_4 \leq 0 \quad \therefore w_{24} \leq -b_4$$

○パターン3　$x_1 = 1$ かつ $x_2 = 0$ の場合

$$z_1 = 0, \quad y_1 = w_{11}x_1 + w_{21}x_2 + b_1 = w_{11} + b_1 \leq 0 \quad \therefore w_{11} \leq -b_1$$

$$z_2 = 0, \quad y_2 = w_{12}x_1 + w_{22}x_2 + b_2 = w_{12} + b_2 \leq 0 \quad \therefore w_{12} \leq -b_2$$

$$z_3 = 0, \quad y_3 = w_{13}x_1 + w_{23}x_2 + b_3 = w_{13} + b_3 > 0 \quad \therefore w_{13} > -b_3$$

$$z_4 = 0, \quad y_4 = w_{14}x_1 + w_{24}x_2 + b_4 = w_{14} + b_4 \leq 0 \quad \therefore w_{14} \leq -b_4$$

○パターン4　$x_1 = 1$ かつ $x_2 = 1$ の場合

$$z_1 = 0, \quad y_1 = w_{11}x_1 + w_{21}x_2 + b_1 = w_{11} + w_{21} + b_1 \leq 0 \quad \therefore w_{11} + w_{21} \leq -b_1$$

$$z_2 = 0, \quad y_2 = w_{12}x_1 + w_{22}x_2 + b_2 = w_{12} + w_{22} + b_2 \leq 0 \quad \therefore w_{12} + w_{22} \leq -b_2$$

$$z_3 = 0, \quad y_3 = w_{13}x_1 + w_{23}x_2 + b_3 = w_{13} + w_{23} + b_3 \leq 0 \quad \therefore w_{13} + w_{23} \leq -b_3$$

$$z_4 = 0, \quad y_4 = w_{14}x_1 + w_{24}x_2 + b_4 = w_{14} + w_{24} + b_4 > 0 \quad \therefore w_{14} + w_{24} > -b_4$$

　これらの条件を満たす重みと閾値は複数存在しますが，そのうちの1つを求めてみましょう．まず，パターン1の条件から $b_1 > 0$ なので

$$b_1 = 1$$

とすると，パターン2，3，4の b_1 に関する条件から

$$w_{11} \leq -1, \quad w_{21} \leq -1, \quad w_{11} + w_{21} \leq -1$$

の条件を満たせばよいので，たとえば，

$$w_{11} = w_{21} = -2$$

であればよいことになります．

　同様に，パターン1の b_2 に関する条件から

$$b_2 = 0$$

とすると，パターン2，3，4の b_2 に関する条件から

$$w_{12} \leq 0, \quad w_{22} > 0, \quad w_{12} + w_{22} \leq 0$$

の条件を満たせばよいので，たとえば，

$$w_{12} = -2, \quad w_{22} = 1$$

となります．

　同様に，パターン1の b_3 に関する条件から

$$b_3 = 0$$

とすると

$$w_{13} > 0, \quad w_{23} \leq 0, \quad w_{13} + w_{23} \leq 0$$

の条件を満たせばよいので，たとえば，

$$w_{13} = 1, \quad w_{23} = -2$$

となります。

　同様に，パターン 1 の b_4 に関する条件から

$$b_4 = -1$$

とすると，パターン 2, 3, 4 の b_4 に関する条件から

$$w_{14} \leq 1, \quad w_{24} \leq 1, \quad w_{14} + w_{24} > 1$$

の条件を満たせばよいので，たとえば，

$$w_{14} = 1, \quad w_{24} = 1$$

となります。

　よって，これらの値を使って (2.1) 式から (2.4) 式を書き直すと

$$y_1 = -2x_1 - 2x_2 + 1$$
$$y_2 = -2x_1 + x_2$$
$$y_3 = x_1 - 2x_2$$
$$y_4 = x_1 + x_2 - 1$$

となり，これらの式を行列を使って表すと

$$\begin{pmatrix} y_1 \\ y_2 \\ y_3 \\ y_4 \end{pmatrix} = \begin{pmatrix} w_{11} & w_{21} \\ w_{12} & w_{22} \\ w_{13} & w_{23} \\ w_{14} & w_{24} \end{pmatrix} \begin{pmatrix} x_1 \\ x_2 \end{pmatrix} + \begin{pmatrix} b_1 \\ b_2 \\ b_3 \\ b_4 \end{pmatrix} = \begin{pmatrix} -2 & -2 \\ -2 & 1 \\ 1 & -2 \\ 1 & 1 \end{pmatrix} \begin{pmatrix} x_1 \\ x_2 \end{pmatrix} + \begin{pmatrix} 1 \\ 0 \\ 0 \\ -1 \end{pmatrix}$$

となります。

　x_1 と x_2 に 4 つのパターンの 0 と 1 の組み合わせを代入した場合の y の値は以下のようになり，ニューロン O_1〜O_4 から各パターンに対応する出力が得られることがわかります。

$(x_1, x_2) = (0, 0)$ の場合　$y_1 = 1, \quad y_2 = 0, \quad y_3 = 0, \quad y_4 = -1$

$(x_1, x_2) = (0, 1)$ の場合　$y_1 = -1, \quad y_2 = 1, \quad y_3 = -2, \quad y_4 = 0$

$(x_1, x_2) = (1, 0)$ の場合　$y_1 = -1, \quad y_2 = -2, \quad y_3 = 1, \quad y_4 = 0$

$(x_1, x_2) = (1, 1)$ の場合　$y_1 = -3, \quad y_2 = -1, \quad y_3 = -1, \quad y_4 = 1$

索　引

著者●竹内 淳（たけうち あつし）

早稲田大学先進理工学部応用物理学科教授。博士（理学）。

1960 年，徳島県生まれ。大阪大学大学院基礎工学研究科修了。

『高校数学でわかるフーリエ変換』，『高校数学でわかるマクスウェル方程式』，『理系のための微分・積分復習帳』（講談社ブルーバックス）など著書多数。

応用物理学会 JJAP 論文賞，電子情報通信学会論文賞などを受賞。

応用物理学会フェロー。

高校数学で学ぶディープラーニング——画像認識への入門コース

2022 年 7 月 25 日　第 1 刷発行

Printed in Japan

©Atsushi Takeuchi, 2022

著　者　竹内 淳

発行所　東京図書株式会社

　　　　〒102-0072 東京都千代田区飯田橋 3-11-19

　　　　電話● 03(3288)9461

　　　　振替● 00140-4-13803

　　　　http://www.tokyo-tosho.co.jp

　　　　ISBN 978-4-489-02389-7